用空服員說話法輕鬆搞定各種人

Kato Akane
加藤茜——著
鍾嘉惠——譯

如何把「不中聽」的話也說得動聽？
讓客戶稱讚、主管認同、
同事主動配合你

ANAの
VIP担当者に
代々伝わる

言いにくいことを
言わずに
相手を動かす
魔法の伝え方

人們會提出反對意見，
通常是因為不滿意對方
的說話方式。

——尼采

出版緣起

日文原書編輯／池田琉璃子

就算只是平凡地過日子，卻每天都會遇到許多「難以啟齒」的時刻。

比如，不得不請同事「重做」的時候。這種話實在很難說出口，想到對方好不容易才拚命做完，便感到過意不去，於是愈來愈開不了口。

此外，在與人有約的日子，下班時突然被主管叫住時，既不敢說「我在趕時間，可不可以明天再說？」但要對等待的朋友表示「抱歉，因為工作的關係……」心裡也覺得相當抱歉。

到底這「難以啟齒」的感受，它的真面目是什麼？

其實就是不安，怕這樣表達後會冒犯對方，讓人覺得自己「沒禮貌」、「囉唆」，或「不顧別人的感受」。

以前我一直認為，「與其被人家那麼看待，還不如忍住，別說那種『不中聽』的話，或者睜隻眼閉隻眼讓它過去」。

可是，這麼做真的好嗎？

事情並不會因為自己的隱忍就往好的方向發展。既無法與共事夥伴一起做出好成果，主管也不會提早結束談話。

可是，還真的很難說出口……

真希望不用說那些「不中聽的話」，對方就能如我所願地去做。

當我如此思索之際，忽然想起一件事。

前一陣子我搭飛機時，機上有個嬰兒大哭了起來，那位母親的張皇失措，惹惱了一位商務旅客。

當時機上的空服員是如何處理呢？

空服員應該沒有對那位母親說「請保持安靜」，也不會對生氣的商務旅客傳達「請別那麼生氣」。

為什麼當時的場面能馬上恢復平靜呢？

於是，我決定請教日本航空業界非常知名的「傳奇空姐」加藤茜小姐。

沒想到還真的有那種如魔法般的話術，能應用於各種難以啟齒的場合，瞬間解決問題！

「小茜姐，請再多給我們一些指導！」

本書就是在這樣的呼聲下而誕生了。

目錄 Contents

第二章 處理意見相左的夾縫場面

第三章

不得不做出決定的兩難場面

前言

「難以啟齒的話」真的非說不可嗎？

某天，全日空（ANA）總公司收到一封乘客的投訴信。

「我已經解釋過手提行李裝的是精密儀器，空服員卻仍然要我『放在前面座椅下方』，到底是怎麼搞的！」

主管因此把我找去，問我：「公司收到這樣的客訴，妳有印象嗎？」「我相信妳一定不是這麼說的，這點我明白。可是，為什麼對方會有這種感覺呢？」

我大吃一驚，開始拚命回想當時的情況。就在我從事「空中飛人」的工作滿三年，也取得了國內線座艙長（空服員主管）資格，開始對這份工作產生自信時，卻發生了這件事。

那天，有位乘客手提大件行李登機。通常手提行李都必須收放在前面座椅的下方，不知道是不是因為行李太大放不下，於是他便放在正好空著的隔壁座位上。

根據安全準則規定，「座椅上」不能放置行李。因為若發生劇烈搖晃，有可能導致乘客受傷。而空服員有必要盡早完成機內的安全檢查，向機長報告客艙內是否已做好起飛的準備。因此，我按照規定對這位乘客說：

「請將手提行李放在前方座椅下。」

這是規定，而且從外觀看上去，只要把那件行李橫倒下來，就能勉強收進座椅下方。不料，那位乘客反應「裡面裝的是攝影器材，不能倒下來」、「如果不能放在椅子上，那我放在腳下總行了吧」，隨即把行李移到自己的腳下。

可是這同樣令我為難，因為航空法也禁止把行李放置在「座椅前」的空間。萬一發生重大意外，需要緊急迫降時，座椅前放置物品有可能會阻礙靠窗座位的乘客逃生。除此之外，也會導致座椅下方的救生衣不易取出。

當時的我誤以為自己有責任要指導乘客，而且深信「我們不僅是服務員，同時也是保安人員。當攸關安全的狀況發生時，我們必須負責指揮乘客，甚至要像警察那樣，以堅決的態度教育乘客。」

於是我對那位乘客提出以下兩點說明：

- 為了飛航安全，航空公司必須排除可能阻礙逃生通路的一切物品後，才能正式起飛。
- 假使乘客依然堅持「放在腳下」，航空法的規定相當嚴格，航空公司有權拒絕乘客搭乘。

最後，那位乘客才不情願地整理了手提行李內的物品，然後將袋子倒下，收進前方的座椅下。

我回想起當時的自己，還因此鬆了口氣，並感到十分滿意。

「有些話即使得罪客人也要毅然決然地說出口，才得以維持機內的安全。一定得要有人扮黑臉，而在這機艙內，那就是我的職責。」

後來我便專心進行起飛前的準備工作，完全忘了與乘客有過這段對話。

沒想到日後總公司會收到那樣一封投訴信。

「客人為什麼會有這種感覺呢？」

對於主管的提問，我拚命尋找答案。

你敢對大聲嚷嚷的社長說「請您小聲一點」嗎？

有許多場面非得說出「不中聽的話」才行。

以前面的例子來說，我必須將「就安全而言，要將手提行李放在前方座位底下」這件事告訴乘客。

如果有乘客在機內大聲喧譁，我必須請他「放低音量」，也必須對有相當醉意的乘客說「不能再提供酒類給您了」。

這類問題當然不僅限於乘客與空服員的關係。

在職場上，面對同事、屬下和主管，同樣會遇到許多難以啟齒，卻不得不說的時刻。即使是小孩就讀同一所幼稚園的家長們、地方社群的夥伴或知心朋友之間，應該也會遇到這些場景。

就算我們試圖盡可能委婉地表達，但人的情感是無法操控的。當你鼓足勇氣說出口後，對方火冒三丈的情況屢見不鮮，有些人還會一直懷恨在心，不是嗎？也有可能讓人際關係變得不自然，或是失去重要的客戶。

有時，僅僅一句話就相當要命。

就因為這樣，坊間才會有那麼多以「傳達方式」為主題的書籍。書店裡大量陳列著教導讀者「如何說服對方照自己的意思去做」的書籍。

既然是溝通就一定會有「對象」。這個對象也許很神經質或個性急躁，或者對方相當靦腆，讓你不忍心要求他做什麼，當然也可能是像公司社長那種有頭有臉的人物。

即使學過再多的技巧，要對一位講話音量很大的社長，傳達「請您小聲一點」這件事，依舊非常困難吧。**只要稍微說錯話，就有可能冒犯對方**。

於是我漸漸浮現一個願望，心想：

「難道沒有方法能夠不用直接說『請您小聲一點』，就讓社長自己閉嘴嗎？」

如果不必說「不中聽的話」，就能讓對方如自己所願地行動，那會是再好不過的事。

用不著提醒、指責和喝斥，就能達成你的期望。

其實，這正是全日空ＶＩＰ專員代代相傳的「神奇話術」。

工作中就是無法避免各種棘手場面

我在一九八四年進入全日空擔任空服員，服務了將近三十年的時間。擔任國內線和國際線的座艙長期間，在空中度過大約一萬三千個小時，接待高達六百萬以上的乘客，透過與這些乘客一生一次的相遇，體驗過眾多的神奇話術。

此外，我還在人才育成部門負責教育訓練，一年大約培訓五百位新人和五百位在職空服員，在那當中我經常深入思索，什麼樣的話能振奮人心，什麼樣的話會使人喪失信心，以及該如何說，才能讓對方感受到你要傳達的意思。

爾後，我成為頂級ＶＩＰ部門的負責人，有機會接觸到來自世界各地的大人物們，並藉此學習他們的發言方式。

更多次見識到因為一句話，就掀起巨濤駭浪的場面。

這些在高空學到的「話術」中，我特別想藉由本書分享給大家的就是：

不必說不中聽的話，就能讓對方愉快地去做。

在機艙這種絕對無處可逃的特殊空間裡，會發生各種各樣的狀況。

例如，一群參加員工旅遊的乘客開始大聲喧譁，四周乘客便會坐立不安。這時如果以「會打擾其他乘客」為由，請喧鬧的旅客保持安靜，很可能會掃了他們的興致，但也不能因此便置之不理。

還有，當小嬰兒持續哭鬧，如果其他乘客對此提出抱怨，這時既不能對嬰兒的母親說「請讓您的孩子不要再哭了」，也不可能和抱怨的乘客表達「小嬰兒就是會哭」。必須設法讓雙方都滿意才行。

另外，引導多位候機室的ＶＩＰ乘客登機時，像是「那位乘客應當優先」這種話當然不能說出口。但為了讓所有乘客都能順利搭乘，實在有必要決定優先順序。

第一種狀況是必須「點醒」當事人的尷尬場面。

第二種是處理意見相左的夾縫場面。

第三種則是不得不做出決定的兩難場面。

工作中一定會遇到這三種場面，究竟我們應該怎麼做，才能讓對方愉快地照著我們的要求去做，而不必說「不中聽的話」呢？

本書將一邊介紹全日空ＶＩＰ專員代代相傳的祕技，一邊回答上述問題。

學習神奇話術，贏得對方的心

其實，就是因為說了「不中聽的話」，對方才不願意配合。

解決之道不是如何委婉地傳達那些話，而是要找出「不必勸說，對方就願意去做」的方法。

勸導乘客將裝有精密器材的袋子，放在前方座椅底下時，我尚未領悟這個道理。所以，才會發生當下乘客明明照著我的要求去做，事後卻來函投訴的情況。

之後，我成為負責接待全世界頂級ＶＩＰ貴賓的專員，在服務過程中，才學到這個道理。全日空的ＶＩＰ專員擁有前輩相傳的神奇話術，最重要的是，還能從眾多優秀的乘客身上學習到寶貴經驗。

普通人用道理說服對方；

高明的人以委婉話語說動對方；

頂尖人士則不必勸說，就能讓對方行動，還能贏得對方的喜愛。

接到客訴信的當時，我無疑是個「普通人」。那麼，如果當時我使用全日空

VIP專員代代相傳的神奇話術，又會如何應對呢？

接下來，我將慢慢為各位解答這個問題。

我會根據自己長年在高空中，與乘客和工作人員相處的經驗，詳細告訴各位有助於編織出「神奇話術」的訣竅。

第一章

必須「點醒」當事人的尷尬場面

- 面對持反對意見的人，不必勸說對方，就能貫徹主張
- 不必說出意見，就將會議導向自己希望的結論
- 不必說服，就讓不想負責的主管擔起責任
- 不必指責，就讓說一套做一套的主管自我反省
- 讓冗長談話提早結束，又不會令人感到不悅
- 一句話就讓聊得沒勁的人，愉快地打開話匣子
- 面對正在氣頭上的人，不講大道理而是安撫對方
- 不必提醒，就能使吵鬧的人安靜下來

委婉地使「冗長談話」快轉的方法

結束手上工作、準備下班的瞬間，突然被主管叫住。

心裡想著待會兒和朋友有約，可是感覺短時間內談話不會結束。而且主管興致正好，實在很難開口說出「我和朋友有約，請放我下班」。

結果就這樣被迫聽完主管的漫漫長話，導致約會遲到……。

任何組織裡，一定會有一、兩位「說話冗長的人」。如果這個人正好是你的主管或前輩，就會有點麻煩。

更何況是老主顧的社長或客戶等，如果貿然打斷談話，得罪了對方，最糟的情況是交易可能因此停止。

如果有辦法讓說話冗長的人，能夠提早且愉快地結束談話，而不必說出「我待會兒還有約……」或「我想早點兒回家……」這類令人尷尬的請求，不知該有多好。

其實，只要一點小技巧就能解決這個問題。

稍後我會慢慢地告訴大家具體做法，就可以讓對方主動「快轉」，談話也能愉快地收尾。

本章主題是不必「直接點醒當事人」，就能讓對方如你所願地行動。首先談論「面對持反對意見的人，不必勸說對方，就能貫徹主張」的方法。

那麼，開始囉！

1

面對持反對意見的人，不必勸說對方，就能貫徹主張

NG Word

「這是規定！」

在飛機上，座位旁邊不能擺放手提行李，因為緊急時刻，這個空間會成為逃生通路。如果乘客將手提行李放在腳邊，空服員必須敦促他收進前方座椅底下。

不過，也有乘客會以「擺一下而已，沒關係吧」、「只是自己的空間變窄，不會麻煩到四周的人」或「因為是貴重物品，我想放在看得到的位置」等種種理由，而不願意配合。

即使告訴對方是「為了安全著想」，有些人依然會說「緊要關頭時，就會把它挪開」。

其實我也能體會乘客的心情，想要小心擺放行李，乃是人之常情。就像前言裡提到「手提行李裝的是精密儀器」的情況，更是如此。

不過，當時的我對於「行李中裝的是什麼」並未多想，只是重複勸說所有乘客「行李不能放置腳邊，這是飛航安全上的規定」。

結果就是得罪了乘客。

乘客想把行李放在腳邊一定有理由，尤其特地隨身攜帶大件行李上機。這時就有必要好好理解對方的狀況，再來請他配合。

那麼，到底應該如何向乘客說明才好呢？

考量對方的理由與情緒，才能順利解決問題

就飛航安全而言，腳邊的行李必須挪至別處。

可是，對乘客宣揚道理，並且直接表達「這是規定」，只會惹惱對方。

這種情況不能劈頭就要求乘客移開行李，而是要先詢問對方「理由」：

「先生（或小姐），請問在行李收放上有什麼需要幫忙的嗎？」

如此詢問之後，就不再只是貫徹自己的主張，而是願意幫對方一起解決問題。

這時乘客也許會告訴你：

「裡面裝的是相機，不能倒下來放，所以無法放進前方座椅底下……」

事實上，經過詢問後，就會發現許多乘客說出自己完全意想不到的理由。

想說動與你意見相左的人，最好不要直接提出與對方不同的意見，而是先問清楚對方基於什麼理由，或者事情的原委，才得出那樣的結論。然後，再配合其需求採取措施。

先別管「正不正確」，而是把焦點放在對方的情緒有什麼波動，陪他一起解決問題。

以「在腳邊放置行李」這個例子來說，乘客選擇擺在那裡，是認為「已經沒有其他地方可放」，想必是「明知規定如此，但又不能倒下來放」。

當時的我未能幫乘客一起解決問題。

向主管報告當天與那位乘客對話的過程中，我才意識到「自己是在警告乘客，試圖強迫乘客服從規定」，以及「只在意個別行李擺放的位置，沒考慮到內容物和乘客的實際情況」。

最要緊的是，我很訝異自己竟然想不起這位乘客的長相，為此深自反省。

如果是現在，我應該會先問對方：

「有什麼需要幫忙的嗎？」

聽完乘客說明將行李放在腳邊的理由後，再主動提出：

「原來是這樣啊。沒有注意到您的狀況，真是對不起。那麼，能不能告訴我，您認為怎麼處理最好呢？」

先探詢乘客期望的解決方法，然後提示對方收放手提行李的其他選項，例如前、後方有空著的置物櫃等。

這時必須表達出希望對方配合，以及願意為對方服務的心意。

請乘客將手提行李放置在安全地點，雖然是不得不遵守的規定。不過，「這是規定，請您遵守」這種說法，不是能讓旅客甘心臣服的話術。

為了讓對方願意配合，不說「不中聽的話」，而是設身處地來幫助對方。如此一來，彼此都會感覺愉快。這個道理不止適用於空服員，所有要面對人群的工作者，都能從中得到幫助。

下一節，我將探討職場的同事或前、後輩之間，出現意見不同時的案例。

Point

神奇話術

「有什麼需要幫忙的嗎？」

2

不必說出意見，就將會議導向自己希望的結論

NG Word

「在我看來是這樣……」

對空服員來說，日常性會議指的就是登機前的會議。

由於每次飛行都會更換成員，因此飛行前必須全員集合，在座艙長的帶領下確認服務方針，然後才迎接乘客登機。

某次夏季的飛行會議上，發生了一件事。

當天那班飛機客滿，而且以年輕一輩的空服員為主。

我身為座艙長，考量到大家經驗上的不足，希望稍微簡化服務內容，以求維持同樣的服務水準。於是，我打算從縮短飲料服務時間下手，便提議：

「今天的冰咖啡就不加冰塊了。」

夏季飛行時，我們都會將冰咖啡事先放在冰箱裡，不加冰塊也能以冰鎮的狀態端給乘客，而且廠商也保證去冰不至於影響品質。因此，我認為省下這道手續不會有問題。

不料有位空服員發言表示：「從品質管理的觀點來看，應該要加冰塊，不是嗎？」過去一直都有加冰塊，所以她會這麼想也是合情合理。

不過，因為航班時間在即，我沒有完整說明，只說了「在我看來沒有問題。況且我已經向咖啡業者確認過，去冰也沒關係」和「就照我說的做」。

會議結束後，當所有乘客登機完畢，開始為大家端上飲料時，我不禁愕然。

除了我以外，所有空服員都提供「加了冰塊」的冰咖啡。

讓屬下自主地行動，才能提高工作動機

由我負責服務的乘客看到冰咖啡後，瞬間露出疑惑的表情。那是當然的，因為其他空服員都端出加了冰塊的冰咖啡。

過去的做法一直都會加冰塊，只因為主管片面的決定就想改變慣例，這件事談何容易。所有人基於「提供旅客最佳服務」的心意，還是選擇加入冰塊。

平常總是叮嚀大家「要站在乘客角度來提供服務」的我，竟然選擇執行「讓乘客感到疑惑的事」，而且難得有組員提出反對意見，我卻以「我確認過了，不會有問題」駁回她的意見。

結果所有人都不服氣，不願照我的意思去做。

這件事讓我重新意識到「**傾聽的重要性**」。

那時我原本就是希望「即使客滿，也要提供乘客相同的服務品質」。

然而，我卻覺得「為了達到這個目的，供應不加冰塊的冰咖啡是合適的做法」，因此一意孤行，在會議中強迫所有人接受。我想是因為同行的多半是年輕空服員，身為座艙長的我，認為必須帶領大家的關係。

其實，當時我應該問大家：

「由於今天客滿，這趟飛行大家也許會手忙腳亂。各位有想到什麼方法能避免服務品質降低嗎？」

先讓參與會議的同仁各抒己見，再慢慢鎖定「飲料服務」這件事，詢問大家：

「有沒有什麼辦法可以縮短飲料服務的時間呢？」

主管本來就容易被屬下認為「凡事自己說了算」，即使要支使屬下，也要盡可能讓他們自主地行動，這樣才能提高動機，並帶動品質的提升。

從這件事裡，我學到作為一個主管，應當在不強迫別人接受自己意見的情況下，達成「維持服務品質」的目的。**在這種時候說「在我看來是這樣……」，只會削弱所有人的志氣，甚至反而引起反彈**。

真希望我當時不是強迫屬下接受，而是用問題引導她們，讓她們自願接受我的提議。

巧妙利用他人意見的訣竅

如果是討論踴躍的會議，就從中挑選與自己意見相近的同事的發言，來確認其意旨：

「剛才○○說的是這個意思，對吧？」

這麼做相當有效。首先，複述對方的發言內容能加強與會者的印象，接著慢慢把其他人都拉進來：

「我覺得這主意非常有即效性，各位怎麼看？」

「它不正好能有效解決我們現在苦惱的問題嗎？各位覺得呢？」

必須牢記的是，**要把它變成是「大家的意見」，而不是「自己的意見」**。為此，在會議的前半段必須徹底傾聽。

誰有什麼樣的意見？

有人反對嗎？

作為會議召集人的主管，期待什麼樣的結果？

要一邊弄清楚這些問題，一邊等待時機。

重要的是，將會議的結論導向自己期待的方向。

另一方面，如果是很少人發表意見的會議，或是由你擔任會議幹事或主持人，這時講求的重點是「主動發問」。

比方說，假設這場會議的目的是「新服務的創意發想」，如果現場鴉雀無聲，就要試著詢問大家：

「有『什麼東西』與現在提供的服務結合後，可以讓顧客更高興？」

換個角度來說，發言應該就會逐漸增加。

這麼做之後，即使感覺到會議走向並不會導出自己想要的結論，也別覺得是與會者的錯，必須學著思考「是不是自己的意見讓對方不放心，才會過不了關」。然後，站在對方的立場考量「該怎麼做才能消除這些疑慮」，或者「有沒有辦法避免問題發生」。

要不要加冰塊不是問題，目的應該不在此。

而是藉此更加深入理解對方，練習從各種角度看事情。

Point

神奇話術

「剛才○○說的是這個意思，對吧？」

3

不必說服，就讓不想負責的主管擔起責任

NG Word

「根本不懂第一線！」

從屬下的立場來看，凡事都想作主的主管雖然是問題，但不想做任何決定的主管，問題更大。一切只以蕭規曹隨為優先，不會依第一線發生的變化謀求對策，便會讓第一線的工作人員疲於奔命、不滿日增。各位是不是也有這種經驗呢？

在我擔任ＶＩＰ專員時，據說前任負責人為了抑制人事費用，將人員配置減到最低限度。當時在早晨時段的機場候機室還沒有構成問題，但糾紛已悄悄萌芽。後來導致該時段的工作人員數量，不足以應付需求。

對航空公司來說，定期搭乘頭等艙和商務艙的旅客是重要貴賓。機場候機室的地勤人員也十分理解這點，向來應對得體。不過，相對於使用貴賓休息室的ＶＩＰ人數，某些時段的工作人員數量就顯得不足，服務品質可能因此降低。

第一線工作人員的心聲是希望趁問題惡化前，重新評估人員的配置方式。現任主管卻假借「這是前任負責人的決定」和「聽說沒發生什麼特別的問題」，而不願意改變。

事實上，這位主管是前任負責人的後輩，時而顯露出不方便修改之前的決定，以及不想惹事的心理。在第一線工作的屬下看來，狀況已是迫在眉睫，忍不住覺得這位主管「根本不懂第一線！」

於是，在與主管交涉時，像是「您沒到過第一線也許不明白」或「您沒見識過現場，想必缺乏真實感」等，這種隱含「主管明明就不了解狀況」意味的話，便脫口而出。不過，這正是最不該說的話。

絕對不能畫一道線將「主管」區隔開來

我也是當上中階主管、擁有自己的屬下後，才真切體會到「主管並非不想承擔責任」。在日本的公司組織裡，職位升得愈高，能夠談心的對象就愈少，缺點也開始被人放大。

還在基層工作時，我一直認為「主管的工作就是做決定和承擔責任」。不過，主管其實也是在自己的權責範圍內做事。

無法作主的主管一定有其理由，他自己一定也是滿腹苦水。所以一旦聽到屬下說出那種將「自己」和「第一線人員」區隔開來的話，反而會讓主管更加固執己見，也讓他更添孤獨感。

那麼，屬下應該怎麼做，才能讓這樣的主管願意負起責任呢？

訴求重點在於，「對你也有好處」這件事。

若是以上述例子提到的，希望早晨時段增加人手來說，就要強調增加人手之後，一定能得到的好處。記得不要強調「第一線很難做事」或「感覺會出事」這種負面理由。

這時可以說：

「能夠提供更周到的服務，客人也會很高興。」

「藉由增加人力，能更接近公司追求的理想服務。」

「增加與所有ＶＩＰ乘客的接觸，發掘未來提升服務品質的線索。」

除了告訴主管會有這些好處之外，對主管本身也有加分作用。

怎麼說呢？事實上，拿不定主意的主管，十之八九都不懂第一線工作的細節與訣竅。他們心裡真正的想法是：我只是因為不懂第一線，才無從做決定。所以更要明白指出，如果做有益第一線的事，主管能獲得什麼好處。

此外，待在第一線工作就容易優先考慮眼前的需求，可是管理階層會以三個月、半年或一年為期來評估事情，所以配合這樣的時間軸來談會比較有效。

例如，「接下來兩個月的繁忙期過去後，貴賓室的使用人數也會穩定下來，到時候可以重新考慮工作人員的配置」等話語。

這時要加上容易使主管讓步的「可以重新考慮」之類的話，效果會更好。因為這就透露出，自己已經事先幫主管設想未來的退路。

主管一旦了解，排解第一線人員的不滿，對自己和客人都有好處，就會開始思考「與其和屬下做無意義的對抗，不如將眼光放遠」。這樣就能成功扭轉主管「不懂」、「怕麻煩」和「不想負責」的心態，使其產生「願意一試」的想法。

將第一線人員的指責轉變成擴大服務可能性的提案，這麼做應該就能找出令第一線人員、主管和客人都滿意，「一石三鳥」的解決方案。

Point

神奇話術

「客人也會很高興。」

「可以重新考慮○○……」

4

不必指責，就讓說一套做一套的主管自我反省

NG Word

「對自己的錯便置之不理……」

你有過以下的經驗嗎？

平常總是表示「有不懂的地方都可以來問我」的前輩，當自己真的去請教時，他卻擺張臭臉問：「一定要現在嗎？」

因為相信重視自主性的主管所說的「請自行判斷後行動」，但這麼做了之後，反而被責備：「我完全沒聽你說過這件事。」或「要先和我商量，別自作主張。」

或者，總愛大放厥詞的同事說：「作為一個工作者，遵守申報期限是天經地義！」但他自己的經費結算資料卻老是遲交。

下屬一旦發覺公司裡的長官「說一套、做一套」，心裡立刻就會涼了半截。忍不住在背地裡批評他「寬以待己，嚴以律人」、「對自己的錯便置之不理」等，或者想反問他：「你自己又是怎麼做呢？」

不過，這些話都不恰當。如果說出口，不但會破壞職場的氣氛，而且會讓自己變成**與主管或前輩對決，這種時候吃虧的肯定是你**。

該如何促使主管意識到自己的問題，而不必說出不中聽的話呢？

以退為進的表達方式

我自己也是當了主管之後，才體會到「當事人很難有自知之明」。對前來商量事情的屬下說：「抱歉，我暫時無法分身。」即使對方暗自嘀咕：「什麼嘛，明明說隨時都可以找你商量。」這種時候，主管也渾然不覺。

答應別人「待會兒有空再跟你說」，結果卻忘得一乾二淨，這種事經常發生。主管試圖藉由「隨時可以找我商量」這句話，提高屬下對自己的期待。然而，實際上並非「隨時都可以」，就會在屬下心裡留下一種被辜負的感覺。

主管很難察覺這種期待值的落差。因此，最聰明的做法是讓主管意識到自己造成了這種落差，而不是對他抱怨。這時的關鍵字就是「**誤解**」。

「您說『隨時都可以』，承蒙您的好意，我就不客氣地來了。那麼我先回去，待會再過來。」

「我以為這麼做是遵照您的建議，也許是我誤解了您的意思。」

重點在於，要表達你很信賴主管這種正面的情感，而不是責怪他「說一套、做一套」，讓主管啞口無言。

「不，是我自己的說法不對，抱歉。」留個臺階給對方下，彼此也不會產生疙瘩，這才是最佳的做法。

Point

神奇話術

「承蒙您的好意……」

「是我誤解了您的意思。」

5

讓冗長談話提早結束，又不會令人感到不悅

NG Word

「這麼說起來……」

說到「講話冗長的人」，我立刻想起從事顧問工作的客戶，曾經告訴我的一則小故事。

有一天，身為組長的他在辦公室裡加班，與後輩的女職員討論到「下週一就要處理的緊急案件」。這時，女職員的手機響起，對方沒知會一聲就馬上接起電話，向電話那頭說：

「主管現在正抓著我不放，再等一下，對不起啦。」

說完便掛掉電話。我的這位客戶心想「啊，是我抓著她不放嗎？」進而意識到對方覺得自己「話很多」。他啞然失笑，說著：「抱歉、抱歉！今天可以回去了。我有疑問再發簡訊給妳。」讓女職員趕緊下班。

雖然是下班時間，但與主管談話中途，接起私人電話的年輕女職員也有不妥。可是，或許主管這方真的說太久了。

這則小故事之所以令我印象深刻，是因為我感覺到主觀認知差異的可怕。主管自認為是詳細解說，但屬下也許覺得「沒完沒了、真是冗長」。

持續在說話的一方，不會察覺到自己講了很久。

你是不是也有過「被抓住不放」的經驗呢？

說不定也曾在不知不覺間「抓住人不放」。

想讓談話「快轉」的訣竅

有位長年搭乘全日空的貴賓A社長，只要說起話來，便會一遍又一遍仔細描述，而且愈說愈久。

一旦被他抓住不放，可能就無法好好地繼續做事，話雖如此，我們還是不能對他失禮。

每回經過A社長的身邊，我就會被叫住，聽他聊高爾夫球成績如何、談他孫子的成長，或是在出差地吃過的名產之類的話題。

話題廣泛又有趣，只是必須講很久才能結束。

飛機上並非只有A社長一位乘客，更何況空服員除了服務乘客，還有許多其他工作。如果陪他一直聊下去，就沒辦法完成該做的事了。

不過，對方畢竟是VIP乘客，實在不能對他說：「我現在很忙，先聊到這裡吧」。於是我想出了「讓談話提早結束，又不會令人不悅」的神奇話術。

不得罪人又能結束談話的方法只有一個，就是使對話提早走到「結局」。

尤其是遇到愛說話的人，根本很難讓對話收尾。就是因為想告訴其他人事情的結果，才會沒完沒了地述說整個經過，如果聽者中途插話，便無法講出結果，這種時候肯定會惹對方不高興。

總之，只要好好讓對方說出「結局」就行了。這樣就能愉快地結束談話。

因此，必須藉由發問使談話快轉。**只要預測對方最想講的事，經由提問誘導他說出來，就能一口氣縮短談話的時間**。

如果是關於高爾夫球的話題，就問對方：

「終於打出最佳成績了嗎？」

如果談的是美食餐廳，可以說：

「除了味道，服務也很出色嗎？」

如果是聊對方的孫子，就直接問：

「能感受到他的成長就覺得很開心，是嗎？」

像這樣反問對方，就能讓談話快轉。

相反地，有些說法則會使談話拖得更長。別說拉近結局，根本是讓時間往前倒帶，返回更早以前的話題。

「這麼說起來，您是什麼時候開始打高爾夫球呢？」

「至今為止，您覺得哪一家店最好呢？」

「孫子已經上高中了嗎？以前聽您聊的時候，好像還是小學遠足的事。」

從炒熱聊天氣氛的角度來看，這樣的問題能幫忙加分，但想要切斷談話時則是扣分，因為對方一回想起往事，就更欲罷不能了。

Point

神奇話術
「終於〇〇了嗎？」

6

一句話就讓聊得沒勁的人，愉快地打開話匣子

NG Word

「我今天遇到這樣的事……」

有一百位客人，就會有一百種需求。

每個人搭乘飛機的原因和目的各不相同，既有人心情快活，也有人悶悶不樂。當然，如果乘客們都能主動揭露自己的狀況，像是：

「我今天心情很差，想靜一靜。」

「我現在非常著急！」

「我遇到一件好事，希望你聽我說。」

若是這樣，就能清楚知道每個人的需求。

然而，大部分的乘客都是默默地上、下飛機。因此，空服員要留意乘客的言行舉止、給人的感覺和表情等，來揣摩旅客的心情，如：

「他好像很累。」

「他是不是很焦急呢？」

「感覺他其實很希望別人〇〇。」

時時留意，不放過任何言語無法傳達的信號。

因此，重點是要尋求各種可能性，不要輕易斷定「就是那樣」或「一定是這樣沒錯」。

假使是難以判斷的狀況，可以試著上前與對方進一步攀談。

而**誘使對方開口的方法，就是主動問候再多加「一句話」**。

比如，向客戶道聲「早安」後，再想辦法多說一句話。有時這樣就能讓原本一臉嚴肅的客戶，轉而和顏悅色地開口說話。

全日空代代相傳的「一句開場白」

關於能開啟談話的一句開場白，全日空公司相傳著這樣的口訣：「Ki Do Ni To Chi Ka Ke」。

- **「Ki」是「天氣」**（日文發音kikou）

「天氣真好呢。」

「早上有點兒冷呢。」

「今天也會很熱呢。」

- **「Do」是「嗜好」**（日文發音douraku）

「好漂亮的手錶喔。」

「您經常帶著相機嗎？」

「您對紅酒懂得真多。」

- **「Ni」是「新聞」**（日文發音nyuusu）

「昨天的新聞真是嚇了我一跳。」

・**「To」是「土地」**（日文發音tochi）

「聽說那裡正好在舉辦〇〇節。」

「今年盛產的〇〇好像特別好吃。」

・**「Chi」是「熟人」**（日文發音chijinn）

「〇〇先生近來可好？」

「聽說〇〇先生結婚了。」

・**「Ka」是「家人」**（日文發音kazoku）

「您的夫人近來好嗎？」

「您的兒子幾歲了？」

・**「Ke」是「健康」**（日文發音kennkou）

「您的姿勢總是那麼端正。」

「今天同樣美極了！」

天氣、嗜好和新聞的話題，與年紀、性別或工作無關，是適用於任何人的一句開場白。

至於熟人、家人和健康的話題，就可以用於有過幾面之緣的客人，像對方傳達「我們又見面了」的心情，親切感立刻大增。

而土地的話題，在有明確目的地的機內更是方便好用。

從另一方面來說，**不適合當作開場白的，就是與自己有關的話題**，例如：

「我今天遇到這樣的事……」

「我昨天搞砸了一件事……」

雖然明白把自己當話題是為了緩和氣氛，不過，能讓對方容易回答的問題，才可以使他成為談話的主角。

畢竟聊天是為了探詢客人的興趣所在，然後好好運用於服務上。因此，「我」並不適合作為敘述的主角。

從客人身上發掘話題

作為VIP專員，我除了上述口訣，還會參考客人攜帶或配戴的物品，來當作聊天的開場白。特別是「領帶」，這可是個開啟話題的寶庫。

某個冬天的清晨，一位與我有過多次交談的VIP乘客來到貴賓休息室。我向他道聲早安後，馬上發現他的領帶上，有個小小的耶誕老人圖樣。

雖然那時穿戴耶誕款式稍嫌早，我還是讚賞道：

「好漂亮的領帶。」

對方立刻笑瞇瞇地說：

「是我女兒送的。」

於是我回道：

「令嬡送的嗎？真是窩心。您回送禮物了嗎？」

對方接著說：

「妳這麼一說我才想到，是啊，一定要選個禮物才行，有沒有適合的呢？」

最後我告訴他：

「機上目前有販售這類商品。」

這麼一來，立刻與商品販售連上關係。也許有人會覺得「真會做生意啊」，但其實搭乘頭等艙和商務艙的商務人士都相當忙碌，很難抽出時間購買私人物品。

因此當服務人員主動提議「送禮物給夫人和女兒」時，不少乘客都會高興地表示「我怎麼都沒想到啊」。與客人之間先有交談，才觸發其購買行為，而不是劈頭就推銷商品，才能讓客人感到滿意。

主動問候，再多加上一句話，便是開啟與客人談話的契機。關鍵是必須牢記，要詢問能引起對方談話欲望的問題。另外還有一點很重要，千萬不可深究。

之後，就算沒聊開也不會有任何問題。因為我們已向客人傳達「一直關注著你」的信息，再來就是「仔細觀察、反覆思索」了。

Point

神奇話術

開啟談話的一句開場白：

「天氣・嗜好・新聞・土地・熟人・家人・健康」

7

面對正在氣頭上的人，不講大道理而是安撫對方

NG Word

「因為〇〇造成您的不便。」

經常搭乘飛機的商務人士，就座後各有其獨特的習慣與特色。

機內座位的空間有限，有人收好手提行李後，會立刻放下桌子、打開筆記型電腦，將資料插在座椅扶手旁當作隔板，以確保自己的私人空間，然後默默地處理自己的工作。

也有人桌上擺的是平版電腦，然後接上耳機，放鬆心情觀賞外國影集。

站在空服員的立場，我們會盡可能不去打擾這類乘客，小心翼翼地**維持適度的距離感**。

上茶水時，如果乘客的桌面有些用餐後的垃圾等，考慮到讓對方有大一點的使用空間，空服員便會詢問：「我幫您一起收走好嗎？」

此外，要把事情一次處理完畢，以減少打擾乘客的次數。不只是在機內，對散發出「不想被人攀談」感覺的乘客，最有效的方法，就是減少談話次數。

就像我們聽到有人好心地想幫忙分擔工作或出主意時，有時會欣喜，但有時也會覺得礙事，希望別人不要插手。

因應個別情況保持距離，也是一種體貼。

吵鬧的校外教學學生vs.生氣的商務旅客

這是在某次飛行中發生的事。有位商務旅客一直讓我無法放心，因為我在登機口與他打招呼時，他顯得非常緊繃。

那天正好有一群校外教學的學生團體搭乘飛機。由於是早晨的班機，客艙內混雜著要去工作的商務人士和神情興奮的學生們。

在這當中，坐在學生附近的那位乘客皺起眉頭，以極不痛快的神色，檢查著手提包內的物品。

我猜想那位乘客大概從在機場候機室看到學生團體，就已經覺得受不了了。

可以的話，他不想坐在學生附近，說不定曾向地勤人員要求換座位，卻得到「訂位客滿，礙難更換」的答覆。

煩躁的情緒已累積在心裡，才會讓他處於「發怒準備完成」的狀態下登機。

在這種狀況下，要思考的不是如果乘客發火該怎麼處理，而是前味、中味、餘味的三種感受。

比方說，我們要去餐廳吃飯，通常會先打聽那家店過去的風評，心想「應該會很好吃，真期待」，這就是「前味」。

一旦去品嘗了，覺得「真的很好吃」，便是「中味」。

離開餐廳時，意外收到店家贈送的小禮物，感覺更是愉快，這就是「餘味」。

如果這三種感受全部照顧到，客人對餐廳的印象一定會大不相同。

善加利用前味、中味、餘味的方法

面對乘客可能對校外教學的學生們感到生氣的情況，首先我在那位旅客進入機內時向他打招呼，告訴他「我是今天負責為乘客服務的加藤。有需要幫忙的話，請叫我一聲」。

主動發出「我們很在乎您」的信號作為前味，可稍微牽制已達到頂點的怒氣。

不料，過了一會兒，那位乘客就按鈴把我找去。

「學生們的規矩很差」、「吵得我靜不下來」、「為什麼允許校外教學的學生搭乘」、「團體採用包機不就行了」，此時乘客「對我」說了這些話。

這種時刻，如果乘客不知道可以對哪一位空服員抱怨，怒火會更加猛烈。因為我先前和他打過招呼，所以他的怒火已被適度壓制。

接著是與正在氣頭上的客人接觸的中味部分。這時的NG Word是「因為今天有參加校外教學的乘客，造成您的不便」等，這類把責任推給其他乘客的說法。

要接納怒氣，而不是歸咎於人，否則很可能導致其他乘客不快。

再者，客機是大眾運輸工具，理所當然有各式各樣的乘客。

對航空公司來說，散客和團體客都很重要。我稍微透露一點內幕，若換算單價，校外教學的學生們，一年多前就向航空公司預約了機票，幾乎用原價購買，可說是非常寶貴的客人。

話雖如此，即使對質疑航空公司「為什麼允許校外教學的學生們搭乘客機」的憤怒乘客講道理，告訴他「對航空公司來說，不論個人或團體，都是我們很珍惜的客人」也沒有用。

這時應當接納客人的憤怒和不快。

「〇〇先生，讓您感到不愉快，非常抱歉。」

讓我們貼近客人的感受，而不是講道理。

當然，如果可以換到其他座位，就會建議乘客更換，但因為那天的班機客滿，我只能加句體貼的話：

「有沒有其他讓您在意的地方呢？」

讓對方有機會發洩心裡積壓的不滿情緒。之後，我和另一位空服員去拜託校外教學的學生們「能不能稍微考慮一下四周的人？」

商務旅客也因為我們接納他的憤怒並付諸行動，而重新調整心情。

重點是要把和學生團體共乘這件事情，與憤怒的情緒切割開來處理。

抵達目的地後，我們將寫著「感謝您寶貴的意見，今後我們會盡全力改善」的字條，連同糖果一起交給那位發怒的商務旅客。

這是工作指導手冊以外的舉動，因為我希望讓乘客對這趟飛行多少留下一些好印象。

在那之後，這位乘客捎來一封信，提到在飛行中，空服員接納了自己的憤怒，並採取適當的作為，下飛機時還收到字條，因此心情豁然開朗，讓他想再次搭乘全日空，這件事也成了我寶貴的經驗之一。

Point

神奇話術

「讓您感到不愉快，非常抱歉。」

「今後我們會盡全力改善。」

8

不必提醒，就能使吵鬧的人安靜下來

NG Word

「您干擾到其他人了。」

「我帶水煮蛋來了喔！」

「哎呀，謝謝！」

「小事、小事。大家一人一顆，來，給妳、給妳。」

當安全帶警示燈熄滅，起飛前的緊張感消除，機內氣氛穩定下來時，一群女人開始熱熱鬧鬧地交談起來。有時水煮蛋會換成橘子、糖果或糕點，但不拘國內線或國外線，經常可見這樣的光景。

前一小節談到，有客人大聲喧譁惹惱其他人時，要如何安撫被惹惱的一方，而這節要告訴各位，面對「大聲喧譁的客人」的處理方法。

在各種店內、公司和學校，想必也會遇到同樣的場景。

中高齡的女性乘客個個都是最棒的交際高手，經常一句「你要不要也〇〇」，就把鄰座素昧平生的客人也拉進去，使得機內漸漸一團和氣。尤其是飛沖繩或夏威夷等渡假勝地的班機，許多乘客也都有愛熱鬧的傾向。

話雖如此，但機上畢竟有各式各樣的乘客。

到達目的地即將面對重大談判，正全力準備最後資料的商務人士；帶著小孩的一家人；微醺的三五好友；為紀念重要日子而出遊的夫妻檔等。空服員的工作就是確實引領著所有人平安、愉快地抵達目的地。

假使大聲交談的一群女性旁邊，坐的是神經緊繃的商務人士，雙方的愉快程度肯定不一致。商務人士說不定會火冒三丈，抱怨「根本沒辦法工作」，也許氣得直接警告她們，而這群女性應該會覺得很掃興吧。

這個時候，空服員一定要公正才行。不能選邊站，只支持某一方的意見。

為什麼呢？因為舒適與否會隨著個人的價值觀而異，但感覺不快卻是共通的。

聲音吵雜或環境髒亂，人對這類負面感覺會產生不快感。**提供服務的一方應當致力於，迅速消除令所有客人感到不快的因素。**

然而，一旦目睹有人正在工作，旁邊的人群卻大聲喧譁，我們忍不住就會從

「誰對誰錯」的角度去評判。在工作的人是對的，大聲喧譁造成別人不快的一方是錯的。於是就會脫口說出：

「您干擾到其他人了，麻煩小聲一點。」

「這是規定，請您保持安靜。」

上述話語正是這種狀況下，最應該要避免的說法。拿規定和覺得困擾的人作為擋箭牌，以標榜正當性的言語對大聲喧譁的人提出警告，等於捨棄了一方的客人。

公司裡也會遇到相同的情形。當部門中同時存在兩種屬下：閒聊中不斷扔出點子的屬下，和一個人不聲不響專心想點子的屬下，主管不能只注意其中一方。

讓喧譁聲嘎然而止的訣竅

那麼，究竟應當如何考量與行動，以及該怎麼和對方說呢？

為對方著想和事先準備，對使用神奇話術絕對有幫助。上一節談到的「前味」，也可以運用在吵鬧的人身上。如果有中高齡女性結伴搭乘時，可以預料到氣氛會很熱鬧，所以登機時我會問她們：

「您是去旅行嗎？要去哪裡呢？」

用意是暗示對方「我一直注意妳唷」。採取這種方式，盡可能先建立良好關係，然後發生問題時，便報上自己的名字「我是剛才那位加藤」，如此一來，可以稍微拉近距離、介入協調。也就是**在狀況發生前，先建立關係**。

而提醒對方時，必須壓低聲音，再委婉表示：

「各位看起來非常開心的樣子……由於已經感覺有點大聲了……」

降低音量來提醒對方，**這點非常重要**。如果聲音太大而傳遍四周，會讓人覺得「這會兒被警告了」、「看吧！很吵吧」，等於是在羞辱客人。

重要的不是懲罰對方，而是清除空間中的不快因子。以這種情況為例，只要沒有人大聲喧譁，就能消除其他乘客的不滿。因此，只需要壓低聲音，面帶微笑地告訴對方：

「漸漸大聲起來了……」

大部分的客人也會降低音量回應：

「啊，對不起，很吵嗎？」

或是豎起食指在嘴上比著「噓……」，與四周的人對看一眼。此外，降低音量、走近對方說話，也會帶給人親密的印象。因人群喧譁導致周遭的人不快時，請務必試試看這種處理方式。

Point

神奇話術

「（壓低音量說）漸漸大聲起來了……」

第二章
處理意見相左的夾縫場面

- 兼顧投訴者與被投訴者，讓雙方圓滿收場
- 不批評任何一方，而能安慰關係惡化的兩人
- 讓意見相左的屬下，幹勁不減地投入工作
- 避免兩邊組員失和，化解職場緊繃的氣氛
- 避免被夾在兩位主管之間，還能如你所願地行動
- 讓判斷準確和錯誤的主管都有面子，同時工作又能有進展
- 不輕易附和，同時收服多數派和少數派的心

顧此便失彼?!解決「左右為難」的方法

有人認為點子是從閒談中產生。這些人乍看像是大聲聊著與工作無關的話題，但其實他們會將聊天內容活用在企畫中。

另一方面，也有人認為在安靜的環境中才能專心工作。對這樣的人來說，一旁正在進行的閒聊，只是令人心情煩躁的源頭。

認為閒聊很重要的人與認為閒聊有害的人，企業裡經常會出現這種對立關係。假使你是主管，要如何消弭對立呢？

這種情況下，必須不得罪任何一方，讓雙方都產生幹勁才行。

在工作中，經常會陷入「左右為難」的狀況——

夾在主管和屬下之間左右為難；夾在公司和客戶之間左右為難；夾在客戶和客戶之間左右為難。

其實不止工作，私底下似乎也是如此——

夾在母親和老婆之間左右為難；夾在家人和朋友之間左右為難；夾在朋友和朋友之間左右為難。

當你陷入這種左右為難的狀況，而且「理解雙方的主張」時，要怎麼說才能圓滿收場呢？

本章的主題就是「處理意見相左的狀況」。首先，就從我在機上實際經歷過「哭鬧中的嬰兒和對此感到憤怒的乘客」的故事說起。我既無法叫小嬰兒「安靜」，也無法請憤怒的乘客「冷靜」，究竟當時我對他們說了什麼話？

9

兼顧投訴者與被投訴者，讓雙方圓滿收場

NG Word

「麻煩安靜下來。」

機上的小嬰兒因為起飛時氣壓變化而哭泣，之後更大聲哭鬧起來。

儘管父、母親拚命哄著嬰兒，想讓他停止哭鬧，可是哭聲卻愈來愈大。

不久，一身商務人士裝扮的半百男士叫住空服員，不悅地說：

「喂！快讓那嬰兒不要再哭了！吵得我很煩！」

抱怨的聲音大到連小嬰兒的父母都聽得見。

對空服員來說，這是很令人苦惱的狀況，不知該如何應付。

因為在機上，很難根本地解決嬰兒的哭聲。

飛機不同於其他大眾運輸工具，起飛後機內便成了密閉空間。若是電車，也許可以中途下車；如果是在餐廳，還能抱起哭泣的嬰兒走到戶外。

不過在飛機裡，可沒辦法抱著嬰兒中途下飛機，慢慢安撫他。所以要解決這狀況十分困難。

從另一方面來看，周圍的乘客同樣無處可逃。如果是國內線，飛行時間通常只有一、兩個小時；國外線的話，飛十個小時以上也不稀奇。不論是否有育兒經驗，要在這段期間忍受始終不停的嬰兒哭鬧聲，都是件折磨人的事。

「哭鬧的嬰兒和安撫嬰兒的父母，大概都不好受吧」，以及「受不了嬰兒一直哭鬧，會想要投訴也不難理解」，「體諒」和「理解」這兩種心情在機內交錯。

這時，空服員要做的是**貼近雙方的感受**。

在我們的工作指導手冊中，規定的處理方式有二：

第一是穩定因孩子哭鬧而慌亂的父母的情緒，第二則是顧慮「覺得很吵」等權益受損的乘客。

面對投訴與被投訴兩方，該如何妥善處理？

首先，來談談穩定哭泣嬰兒的雙親情緒的話語。

嬰兒的父母在搭機前就一直提心吊膽，不知道孩子何時會開始哭鬧；如果嬰兒哭了起來，便急著「想讓孩子停止哭鬧」或「怕打擾到四周的人」。

可是，大人一慌張，抱在懷裡的嬰兒會更加不安。因此我會對雙親說：

「第一次搭飛機嗎？可能是氣壓變化，造成嬰兒耳朵不舒服。」

並遞上玩具或繪本等，以言語和行動傳達出「請放心」和「我隨時都能幫忙」的訊息。而「麻煩安靜下來」等把人逼入牆角的說法當然不行。

順帶一提，當家長去洗手間時，空服員可以代為看顧孩子，但長時間托育可就沒辦法。

如果只有母親帶著嬰兒搭乘，有時空服員會事先告知對方「要去洗手間時，請通知一聲，我們會幫忙照顧」。

接著，要面對投訴嬰兒哭聲的乘客。

「喂！讓那嬰兒不要再哭了！」或「吵得我很煩！」若抱怨升高到這種程度，我會好好向乘客道歉，聽他發洩。

這時同樣不能說「造成您的不便」等，這類把責任推給小嬰兒的父母的話語。而是盡可能減輕乘客心裡的焦躁，這時可以說：

「非常抱歉。我立刻去了解情況，確認有沒有我們能做的事。」

空服員並未把哭鬧聲當作噪音看待，也不認為投訴就是不講理。空服員的職責不像警察那樣維護秩序，而是讓所有乘客都能舒適地度過機上時光。

所有人都是值得珍惜的客人，哭泣的嬰兒和怒火中燒的商務人士，都不是造成問題的原因。

先接納雙方的感受再採取措施，也會讓其他乘客產生安全感。

像這樣必須同時照顧到雙方感受的場面，並不是只有空服員才會遇到。必須讓雙方滿意才行的場合多得是，因此本章就要告訴各位，該如何應付這些令人為難的狀況。

Point

神奇話術

「我去確認有沒有我們能做的事。」

10

不批評任何一方，而能安慰關係惡化的兩個人

NG Word

「請您冷靜下來。」

屬下之間互相敵視或賭氣；主管之間暗地裡彼此詆毀；夫妻關係出現齟齬；結婚之後，與學生時代的朋友開始產生疙瘩……。

人際關係的問題，沒有誰對誰錯。

大家都認為自己的想法正確，誤會便由此產生。非當事人很難改善這樣的狀態，但有些情況，既然察覺了，就一定得伸出援手。

我曾在從羽田機場飛往夏威夷的班機上，有過以下經歷。

飛往渡假勝地的班機，不知道是不是受到乘客高昂的情緒感染，機內氣氛通常都很輕鬆。

不料，那次登機時，有對夫妻的神情實在沒半點光彩。那位太太身懷六甲，我推測應該是進入懷孕穩定期之後的蜜月旅行。

這對夫妻不斷為了一點小事爭吵。我感覺太太變得很幼稚，而先生處處體貼她，結果也累得心情煩躁。作為空服員，有必要在此時關心雙方。

我也生過小孩，所以能體會妊娠中體溫上升，但又不能讓身體變涼的麻煩，在飛行途中各方面都很辛苦。

因此，在用餐服務結束，忙到一個段落時，我就問那位太太：

「您的身體狀況還好嗎？」

此外，機內空調調降溫度時，我也會找機會和她說：

「因為正在調整溫度，各位都穿得單薄，要不要再多拿一件毛毯呢？」

只對一方表示關心，雙方都會軟化

結果下飛機時，那位太太竟然給了我一封信！

「因為種種緣故，我和丈夫搭上這班飛機。可能是懷孕的關係，我的情緒非常不穩定，但時時能感受到您的關心，讓我覺得非常開心。我希望自己也能像這樣子養育小孩。」

我不禁高興得流下眼淚。雖然沒辦法介入夫妻間劍拔弩張的氣氛，但可以傳遞「我隨時願意幫忙」的訊息。

這種時候把關心集中在感覺較為不安的太太身上，藉由緩和她的情緒，就能讓丈夫的心情因此而調整。

如果這時試圖分別關心兩人，也對丈夫說「請您冷靜下來」之類的話，一定不會順利。

對感覺比較不安的人表示關心，可使雙方都放寬心。

Point 神奇話術

「您的狀況還好嗎？」

11

讓意見相左的屬下，幹勁不減地投入工作

NG Word

「都是成年人了，別在意這種小事。」

飛行結束後，客艙所有機組員一定會在座艙長的召集下開檢討會。會議中，有時會討論到為乘客提供服務的方式。

比方說，當乘客聚精會神地眺望著窗外的夜景，有些空服員會對乘客說：

「這夜景真是美呀！」

不過，也有空服員持不同看法，認為：

「這時應該不要打擾他，不是嗎？」

這樣積極交換意見，能帶動服務品質的提升，站在座艙長的立場，會正面看待雙方的意見。

話雖如此，但不同的意見過度衝撞，也可能使得同事關係變差，因此主管需要留意這點。

這種情況並不限於空服員。

一起來思考同事或屬下之間，意見衝突和關係惡化的情況吧。

這時切忌試圖一口氣改善雙方關係，以「都是成年人了，別在意這種小事」勸戒兩人。

關鍵並非直接介入，而是扮演中間人，拉近雙方的情感。

比方說，當屬下A抱怨「B太過分了」，這時應該告訴他：

「不過B一直很肯定你喔。你一定是期待很高，才會這麼說吧？」

另一方面，假設B表示：

「雖然A對工作非常積極投入，但做事方法好像很沒效率。」

這時主管則要反過來說：

「A也非常佩服你熱心工作。」

反覆傳遞這樣的訊息，A和B心裡的疙瘩就會漸漸化解。**營造彼此互相讚賞的氛圍，拉近兩人的心理距離。**

然後看準時機，幫他們製造直接溝通的機會。

人與人的搭配組合，不見得總是一加一等於二。有時候彼此不合，可能只使得出一以下的實力。

假使你有這樣的屬下或後輩，就可以把他們導向互相切磋琢磨，共同努力發揮二以上的效果。

說錯話只會讓誇獎變成貶斥

另外，我也想談一下誇獎他人時的重點。

為了激勵屬下或後輩不斷進步，一般都建議要誇獎對方。

例如以下的褒獎法，前者是適當的（○），後者則不恰當（╳）。

○「這意見太棒了！」

╳「這意見太棒了，不過……」

被人誇獎確實很高興，但最好別說「不過」、「可是」這些話。多數主管或前輩就會無意間使用以下說法，因此打擊屬下或後輩的士氣。

╳「這意見太棒了。**可是**整體看來，好像還差很遠。」

╳「這意見太棒了。**只是**有個地方我想修改一下。」

站在屬下或後輩的立場來看這兩句話，難道不會覺得被誇獎的成分很少，認為對方只是「為了指出問題才刻意誇獎」嗎？

正是如此。

接在「太棒了」之後的，不論「只是、但是、可是、然而、不過」等這些用語，同樣皆為不恰當的說法。

因為這種誇獎，等於讓聽者的心情先往上升再迅速墜落。

身為主管或前輩，為了給屬下和後輩一些意見，或者要麻煩對方做什麼事，**即使先大力誇獎，但後頭追加「只是、但是、不過」等詞彙，對於當事人來說，這段談話立刻變成訓話。**

從屬下和後輩的角度來看，會覺得：

「啊，他就是想說那件事才刻意誇獎我。」

「希望他有問題就直說，不必拐彎抹角。」

主管或前輩幾句「只是、但是、不過」那種如同指責的發言，反而令人留下深刻印象。

能讓屬下產生幹勁的「連接詞」

那麼，說完「太棒了」之後，應該接什麼詞彙呢？

答案是「進一步……」、「越發……」或「更加……」等積極性用語。

當對方聽到誇獎而感到高興，這時要順勢提議：

「為了讓它變得**更好**，就這麼做吧？」

「為了使品質**更加提升**，何不就這麼做？」

主管應該使用正面積極的措辭，如此一來，在指出問題的同時，也能藉此向對方傳達以下意味：

「你在這方面還有進步的可能性。」

「你還有很多進步的空間，我看好你。」

不要讓你的誇獎被打了折扣，這就是關鍵。

Point

神奇話術

「進一步……」
「越發……」
「更加……」

12

避免兩邊組員失和，化解職場緊繃的氣氛

NG Word

「安靜一點！」

正職員工、約聘人員、派遣工、計時工、部分工時或實習生等，各種屬性的人一起在公司裡共事，逐漸成了日本企業的常態。

過去即使沒有制定詳細規則，但職場的氣氛和特色大致固定，工作多半進行得很順利，可是身分和條件各異的人聚在一起後，變得很容易產生小摩擦。

總覺得工作進展不順、對方不遵照指示去做、對方的表現不如己意……，一旦追究起來，會發現**根本原因出在人的情感面**。

再怎麼效率化或ＩＴ化，也無法解決情感的糾葛，是吧？

這時**只有充滿體貼的話語，才能化解那樣的糾葛**。

那是我調到全日空集團的培訓機構，擔任培訓部門主管時發生的事。該部門有一群專做文書處理的女性派遣工。

在基本工作時間六小時內，她們總是盡最大努力來輸入資料，其專注力令人激賞，是十分可靠的戰力。

另一方面，以我為中心的一群女職員，就坐在她們的辦公區一旁。我們的工作不同於文書處理，有時公事談著談著，便閒聊起來也不稀奇。

某種程度的閒聊可以活絡職場氣氛，並非只有缺點。

然而到了旺季，文書處理小組的派遣工們忙著打字，而我們雖然閒著，卻無法幫上忙，只是持續閒聊。

正忙著處理公事的她們，當然會覺得不高興。

不過因為身分不同，她們也不方便直接抗議，文書小組的組長不得不改變這種狀況。

在這種情況下，組長很容易脫口而出的不恰當說法是：

「安靜一點！」

「妳們很吵欸！」

這類直截了當的說法，雖然可以讓被提醒的一方安靜，但心裡卻會留下「為什麼只有我們被提醒」或「被羞辱了」的不服氣感受。

而且這種感受不久就會轉變成對另一方的敵意，甚至成為破壞職場氣氛的重要因素。

不必提醒就讓閒聊嘎然而止的方法

在這種時刻，什麼樣的話會對你起作用呢？

當時我的主管以所有人都聽得見的聲音，對拚命處理文書作業的小組說：

「輸入資料時，如果有什麼不明白的地方，就和我說一聲。」

這句話讓閒聊中的我們意識到「這會兒是文書小組最忙的時候」。

或許各位會感到詫異，心想「只有這樣嗎？」

可是真的非常有效，閒聊中的人因此開始考慮到周遭的同事，並且降低音量或停止聊天。

解決這類小摩擦，需要的只是讓對方「覺察」；只要意識到周遭工作的狀況，就能恢復適度的緊張感。

不管是正式職員、約聘人員、派遣工、計時工、部分工時、實習生等，身分固然有別，但依舊是共同分擔作業、創造價值的一員。

小組領導人應該追求的是，讓身處共同環境的所有人都有精采表現。

沒有必要說服自己「組長的工作就是扮黑臉」，然後輕易地斥責或警告一方，應該可以有更恰當的解決方法。

對感到有壓力的人或團體，說些貼心的話，而且需要大聲地表達出來，就會促使施加壓力者或團體的言行產生變化。

讓當事人有所覺察，就能促使他們改變行為，也不會引發雙方敵意，同時避免破壞職場的氣氛。

Point

神奇話術

「如果有什麼不明白的地方，就和我說一聲。」

13

避免被夾在兩位主管之間，還能如你所願地行動

NG Word

「請您快一點做決定！」

前面談了一些面對屬下時，可以使用的話術，接下來要談如何對主管說話。

正因為對方是主管，用字遣詞和語氣也複雜許多。尤其麻煩的是，遇到兩位主管意見不同的情況。

假設A和B兩位主管面對工作都十分誠懇實在，就因為這樣，有時意見會不一致。比方說，渴望削減成本的總務部門主管，與認為想提高顧客滿意度需要一定支出的銷售部門主管。儘管兩人都是為了公司著想，試圖取得一些成果，但每每意見不合。

相信任何業種都會發生這樣的情況。

一旦夾在兩位主管之間，該怎麼做才好呢？

不想當夾心餅乾，也不該越權逼問對方

航空業界負責第一線工作的客艙服務部，如果起飛前發現飛機狀況不佳，就會面臨這種兩難的局面。

當負責班機運行的機長，與負責設備維護的維修員判斷不一致，空服員便成了夾心餅乾。

在此省略專業的部分，簡單為各位說明，飛機搭載的主要零件都會有兩套，就算其中之一狀況不良，只要確認備用零件有效用，就能進入飛航準備，等待起飛。這部分會由機長和維修員負責判斷。

也就是說，等維修員發出維修完畢的出發信號，機長也認為沒問題之後，才能引導乘客登機。不過，機長有權否決維修員的出發信號。

有時候維修員認為靠著備用零件即可安全飛行，傳達出發信號後，機長卻要求

複檢，反問對方：

「萬一導致飛行途中出狀況，你負得起責任嗎？」

維修員作為肩負世界最高標準的專業人士，會再次向機長說明自己是按照規定做出這樣的判斷。然而機長也是掌握生死大權的專家，若雙方爭辯起來，登機時間便大幅延後。

這段期間乘客就只能在候機室裡空等，於是換成機場部門的工作人員，會打電話詢問客艙空服員：

「什麼時候才能登機？」

「再這樣下去，乘客的登機時間就要過了！」

我身為座艙長，也經歷過這種夾心餅乾的狀態，可是客艙服務部沒有資格做任何決定。必須要有維修部門和航運部門的許可才能開始登機，這兩個部門的主管沒有談攏之前，所有事都動彈不得。

話雖如此，但對航空公司來說，準時運行和安全就像戒律般，同樣必須極力遵守。機場部門反應之後，座艙長便會與機長和維修員交涉。

這時，資深的座艙長往往會犯的錯誤就是問機長：

「可以引導乘客登機了嗎？維修部門已經說沒問題了，是吧？」

座艙長大多是資深員工，年紀比機長大並不稀奇，因此不願再忍受當夾心餅乾的辛苦，有些人便會直截了當地表達。

其他像是「請您快一點做決定」等催促機長的說法也不妥，因為負有權責的是機長，如果這麼說，很可能被解讀為越權行為。就算機長覺得「妳懂什麼是沒問題嗎」，也是理所當然。

事實上，空服員對機體的安全性沒有任何責任。

為了逃避責任、擺脫痛苦和難受感，而逼對方回答「是或否」，這種問法對主

管、客戶和同事都是不正確的。

要配合「客人」，而不是配合「主管」

空服員有責任要對乘客說明狀況，所以當然不能一直放任不管。

因此，遇到這種情況我一定會搬出「客人」一詞。不論準時航運或安全航運，一切全是用來支撐航空公司為乘客提供的「安心和信賴」這兩項價值。維修員和機長都對贏得乘客的滿意感到自豪。

「抱歉打擾一下，請問還需要多少時間？我想轉告在候機室等候的客人，讓他們有個頭緒。」

只要這樣問，雙方部門的主管都會為了提供正確訊息而竭盡全力。

而在這段期間，面對乘客必須誠心道歉。

「非常抱歉，讓各位久等了。剛剛發現機體有一部分異常，考量到安全第一，現在正進行確認。造成各位不便，請再稍作等待。」

至於機內何時要播放以上廣播，則是由座艙長決定。我擔任座艙長時，一定會每十五分鐘播放一次。這麼做是為了稍微緩和乘客不安的心情。

不過，如果最後機長還是不能接受維修部門的說明，可能就要換飛機了。

真是如此的話，可就不得了。尤其是國際線，如果連餐飲都上機了，才要更換飛機，就會衍生諸多作業，例如把餐盤從餐車取出，再放入其他餐車等。因為國際線使用的飛機，即使同為波音七八七型，機內的構造也很少完全相同。

包含這類細節的處理在內，作業時間將近一小時。這段期間只能讓乘客一直等待，抵達時間當然也會延後。

雖然這麼說，但機長的判斷是為了讓「在高空中演變成嚴重故障的可能性」降至零，維護對乘客來說最重要的價值——航運安全。

一旦做出變更設備的決定，維修部門、機場部門和客艙服務部門就要同心協力，為迎接乘客的準備而奔走。

只要以「客人」為判斷基準這點沒有動搖，就能很快地超越部門間的隔閡。

萬一夾在主管和主管之間時，就以公司最重視的對象或價值當作依歸吧。

「為了維護這個價值，需要兩人的判斷」，只要貫徹這樣的立場，相信就能避免夾在中間、左右為難的麻煩。

Point

神奇話術

「我想轉告客人，讓他們有個頭緒。」

14

讓判斷準確和錯誤的主管都有面子，同時工作又能有進展

NG Word

「○○真讓人困擾呢！」

我擔任空服員時，曾有機會代表客艙服務部，在公司體制外的媒體發表文章。可是那時我正好還負責其他業務，始終沒辦法把文章寫完，因為覺得很困擾，便找直屬主管討論，結果他建議我：

「差不多完成六成也沒關係，先給課長看一下吧？他會幫妳修改喔。」

於是，我帶著寫了大約七、八成的原稿去找課長，不料課長以嚴厲的口吻對我說道：

「加藤，妳自認這份原稿具有一百分的水準，還是抱持姑且讓我看一下的心態拿來？」

「怎麼感覺和直屬主管說的不一樣……」我心裡一邊這麼想，一邊說：

「對不起，我不知道該朝哪個方向寫，所以想先請您過目。」

於是課長不悅地回我：

「這次我就先幫妳看看，不過拿這種還沒完成的東西過來，其實是一件很沒禮貌的事。」

結果原稿上被寫滿了紅字，我一再重寫……。

這是我親身經歷的小案例，後來升上主管後，也遇過兩個部門意見對立，而我的團隊成了夾心餅乾，必須一邊居中協調，一邊推動工作進行。

跨部門共同推動的企畫案、不投緣的課長和代理課長，或者從第一線鍛鍊出來的領導者與會計出身的領導者等，當主管之間意見不一致，顧此便失彼，職場上經常會有這樣的情況發生。

而且如果從你的立場來看，覺得其中一方說得中肯，另一方判斷失焦時，又該如何應對呢？

遇到這種狀況時，切忌選邊站。

此時不能說出以下話語：

「〇〇課長好固執，真讓人困擾呢！」

「出席會議的某部門的同事，根本沒打算聽我們說。〇〇要居中協調也真是夠嗆了。」

尤其需要注意，不能在其中一位主管面前，說出貶損另一位主管的話。即使是試圖緩和情緒，才說不在場的人的壞話，對方也不見得會贊同你的說法。

有時還會被貼上「你會在背後說人壞話」的標籤，反而使自己難作人。

無論如何，人就是容易心向讓自己好做事的主管。

不過，有可能在其他案子上，判斷準確和失誤的兩位主管有機會互相交換意見。因此，**重點在於不論哪一方，都要以對待「主管」的態度平等地應對**。

為了避免成為夾心餅乾，可以試著先聽完一方主管的意見後，再詢問另一位主管同樣的問題。

「我是這樣想的，〇〇課長覺得如何？」

告知自己的想法，分享情報，然後再聽取對方意見。若能事前請益，就不會事後被責罵了。

悶著頭進行計畫，小心被主管全盤推翻

最近有個小故事，讓我深切感受到向主管請益的重要性。

我有位朋友在某家企業，花了三年的時間參與一項海外計畫。

她為了這個案子外調到某個亞洲國家，與當地企業不斷交涉，好不容易才進行到能夠對外發布計畫的階段。

不料，發布前幾個月，公司高層突然換人，她的部門主管也走馬換將，由一位新挖角過來的女主管上任。

她一直擔心會不會節外生枝，但幸好對計畫完全沒有影響。可是，正當在做最後調整時，她在會議上被主管告知「那個案子要重頭來過」。

由於太過驚訝，她大叫道：

「什麼！我不懂您這話的意思！」聲音大到傳遍整個樓層。

稍微恢復平靜後，她向主管詢問預定計畫作廢的理由，主管只回答一句：

「因為我一直不知道詳細內容。」

當然，主管不可能不知道計畫概要。只是，站在主管的立場會認為，作為負責人的她理當主動找主管討論，並報告計畫案的詳細經過，然而她似乎只是一直自顧自地進行這個計畫。

也就是說，**如果主管不了解案子的詳細內容和經過，便無法進一步批准**。

結果一個原本對部門和公司都有好處的案子被喊停，而她因為主管這個決定大受打擊，離開了公司。

如何顧及未採用其意見的主管的面子？

不少主管會將屬下不求助自己，解讀成自己不被信任。

因此，就算覺得主管經常判斷錯誤，也一定要主動接近主管，找他商量、向他報告狀況，偶爾也不妨追問：

「請告訴我，您的真心話。」

重要的是取得主管的承諾。

如果同時請教兩位主管的意見，只要屬下進入準備狀態，不論是判斷準確或失誤的主管，都能顧全雙方的面子。

最後一定要向雙方報告結果，並表達感謝之意。

對於沒採用其意見的主管，為了保全對方的面子，要告訴他：

「這次是我能力不足，您的建言十分寶貴。」

而採用其意見的主管，則可對他說：

「多虧您幫忙出主意！」

確實做到事前尋求意見、事後報告結果，對方也會樂於下次再出手相助。

Point

神奇話術

「這次是我能力不足，您的建言十分寶貴。」

「多虧您幫忙出主意！」

15

不輕易附和，同時收服多數派和少數派的心

NG Word

「的確很〇〇呢！」

飛機作為大眾運輸工具，顧慮到所有乘客，在寒冷的季節會調高機內溫度，溫暖的季節則會調低溫度。

不過，即使大多數乘客都覺得「剛剛好」的溫度，還是會有人感覺熱或冷。一般來說，會覺得溫度太低的，以女性居多，所以有時會發生女性乘客感覺舒適，但男性乘客一上飛機，立即向我們反映「不覺得有點熱嗎？」的情形。

出現多數派和少數派意見分歧的情況並非只有在機上，例如贊成和反對公司內部改組的兩派人馬、年終尾牙選擇場地的禁菸派和吸菸派⋯⋯。扮演居中協調的角色時，總是想盡可能讓雙方滿意。

這種時候，空服員的要務是讓判斷基準清楚明確。以客艙的溫度設定來說，乃是依據登機時外面的氣溫、目的地的氣溫和座位擁擠程度等來決定。

依據基準判斷後，如果應該設定為二十七度，就以此為準，同時對看似可能會覺得「熱」或「冷」的乘客，如體格魁梧、懷孕、穿得很多、穿得單薄或帶著幼兒的乘客等，先詢問對方一聲：

「您覺得機內的溫度如何？」

詢問的目的，是為了理解乘客的情況。假如這時有「覺得熱」和「覺得冷」兩種意見，就先告知「我去確認一下，請您稍候。」然後離開。

重點是，這時絕對不能附和對方「會熱呢」或「會冷呢」。**一旦同意少數派的意見，便很難不破壞多數乘客所認為的舒適狀態**。因此，必須徹底遵守依多數乘客感受而設定的標準溫度。

之後再返回有意見的乘客處，對覺得熱的乘客說：

「目前的溫度是依據這個時期的標準設定，請問您需要冷飲或冰毛巾嗎？」

至於覺得冷的乘客，則可以向對方表示：

「目前的溫度是依據這個時期的標準設定，請問您需要熱飲或熱毛巾嗎？」

總之就是另循他法，盡力讓乘客感覺舒適，而不是直接改變溫度設定。

此外，假設在即將結束登機作業前，接到機場工作人員通知「還有兩名乘客」時，我會立刻確認名單。依年紀判斷可能是商務人士的話，就先備妥茶水，以便能立即端出。這是為了讓心裡過意不去、快步趕來的客人能夠喘口氣而預作準備。

不分多數派或少數派，為了收服所有乘客的心，事前的準備工作必不可少。

對於客人的不滿，不能突然表示「贊同」

說是這麼說，但也曾有乘客向我表達不滿，這種時候我會先道歉：

「不好意思，沒能注意到您的狀況，真是太抱歉了！」

接納對方的不滿後，詢問「您覺得熱嗎？我馬上就去確認。」一邊傳達自己抱有同理心，一邊付諸行動。重點是，這時不能馬上附和對方的想法。

不過，確認之後，如果發覺機內溫度明顯升高時，就要贊同乘客並表示感謝：

「溫度的確稍微升高了，感謝您的指正，我們會調整溫度設定。」

即使覺得乘客的建議不對，也不能說：

「會不會只有您覺得熱呢？」

同理心和贊同。藉由靈活運用語氣上細微的差異，慢慢將多數派和少數派之間的鴻溝填平。

同理心是理解他人的喜怒哀樂；贊同則是同意他人的意見和主張等。

如果表示贊同，談話的主導權一定會交給對方。同意少數乘客的意見，有可能犧牲多數乘客的舒適感。

因此不能突然表示贊同，而是對乘客覺得「熱」或「冷」的感受有同理心，接納對方的感受，以能力所及的行動回應對方。

為覺得熱的乘客奉上冰茶和冰毛巾；為覺得冷的乘客奉上熱茶和熱毛巾。為覺得機內太亮睡不著的乘客奉上眼罩和毛毯；因機內照明突然變亮而醒來、昏昏沉沉的乘客，為他們奉上醒腦飲料。

並非改變不滿的根源，而是透過其他途徑，尋求化解的可能，進而預作準備和交涉。

同時，飛機抵達目的地後，下機時要向反映溫度不適的乘客致意：

「承蒙您的協助，非常感謝！」

如此一來，就能化解少數派的不滿，同時慢慢收服更多人的心。

Point 神奇話術

「您覺得〇〇嗎？我馬上就去確認。」

第三章

不得不做出決定的兩難場面

- 讓兩位顧客都有面子，圓滿解決順序問題
- 約會撞期時，不得罪人也能順利更改時間
- 讓未晉級的屬下不氣餒，還能鼓起幹勁，繼續努力
- 採用其中一方的意見時，如何不傷害到另一方？
- 不偏袒自己人，也能維護與其他部門對立的屬下
- 轉移焦點，激勵被評為劣等的屬下

萬一發生約會撞期，該如何道歉？

某位老主顧傳簡訊給我：「期待下禮拜的聚餐！」

咦？下禮拜的聚餐？經他提起我才想到，先前好像有答應這樣的約會。

我急忙翻開記事本，發現那天晚上已經安排了另一場飯局。

這時我才意識到「慘了！約會撞期了……」，兩位都是很重要的老主顧，可是我並沒有分身啊。

那麼，究竟該怎麼辦呢？

本章的主題就是「必須決定先後與優劣的兩難場面」。

因為自己的失誤而造成約會撞期，必須告知其中一方時，該怎麼說才能讓對方爽快地回應「我明白了」呢？我將深入解析這種難題。

其他還有許多不得不分出優劣的場面。

比方說，當兩位同事或朋友意見對立，領導者或四周的人只能採用其中一人的意見，這種時候，用字遣詞就需要照顧到意見不獲採用者的感受。

為什麼選他不選我？

為什麼只有我無法晉級？

為什麼老是偏袒他？

為了避免對方產生以上這類疑問，因此要適當地告知相關結果，才能解除對方的壓力。

16

讓兩位顧客都有面子，圓滿解決順序問題

NG Word

「先到的人優先。」

機場內有專門為貴賓準備的空間。為了確保皇族、政治人物等的安全，因此設置專用房間、專用通道、停車的專用門廊和安全門等。

頂級ＶＩＰ部門的工作人員必須引導所有貴賓下飛機，然後在門廊送他們上車離去。

而在這裡等待著我們的，其實是令人苦惱、也最「難以啟齒的話」。

這難以啟齒的話就是，要依照什麼樣的順序，指示貴賓的座車在門廊等候。

貴賓們的行程安排緊湊，甚至具體到以分鐘為單位，下飛機後就想盡快前往下一個地點。

因此，出走道後能最快坐上車的「正前方」空間，就成了門廊的「上座」。但偏偏那裡只能停放一輛車。

我們不得不指示工作人員將貴賓分出「順序」，同時優先被帶到門廊的貴賓，會讓他的座車停在正前方，其他貴賓的座車則在後方等候。

以謊言敷衍眾人，只會造成後續麻煩

一班飛機如果有兩、三位ＶＩＰ貴賓搭乘，不致有大問題。因為只要工作人員好好調節迎接的時間和步行速度，錯開貴賓走到門廊的時間，就能讓每一位貴賓順利上車。

不過週五下午和週六早晨的航班，有可能會遇上許多貴賓搭乘，這麼做可就行不通了。不論我們再怎麼調節時間，一定會有數名貴賓同時走到門廊。

這時會發生什麼情況呢？

來接機的司機為求讓車停在最佳位置，迎接自己負責接送的貴賓，便會開始暗中角力。

偶爾還可能發生如「是我們先來的」或「不，上次已經讓過了，今天我們要先停」之類的爭執，這成了麻煩的根源。

舉個例子，請各位試著想像，相同業界的兩位高層搭乘同一班飛機的情況。被對方搶走「上座」就等於讓自己的貴賓沒面子，所以來接送的司機，當然會為了確保「上座」而拚命。

這時千萬不能搬出一套子虛烏有的「正義」或「規定」，來敷衍大家。例如，「先到的人優先」、「先進入門廊的車輛，我們會優先帶路」或「所有人皆平等地在此等候」等說詞。

如果以煞有介事的理由告訴眾人，實際上卻有另一套遊戲規則，發生讓後到的貴賓插隊的狀況，即使當天沒人抗議，有些司機心裡還是會覺得「全日空的工作人員在撒謊」，如此一來，便失去了大家的信任。

這些司機下次再來時，就算某輛車是真的先到門廊等待，他們也會認為「這些人又在說謊了」，甚至可能發展成重大的問題。

因此，全日空頂級ＶＩＰ部門一直謹記著，首先要告知對方「誰是負責人」。**愈是必須分出優劣的情況，釐清責任歸屬便愈重要。**

「請容許由我們來指定接送車輛的停放位置。」

一開始就如此宣告，明確說明遊戲規則。

然後自報姓名，告知對方：

「我是加藤，有什麼意見，我願洗耳恭聽！」

事先講明由誰作主之後，客人的怒氣和不安就會漸漸平息。

而且，重點是必須在被人質問「你是誰」或「你叫什麼名字」之前，就先自我介紹。

應對的第一時間不需要自報姓名，當客人感到不愉快，或可能會發生不愉快，這種時候就要報上姓名。

同時傳達「我會確實對部門裡交待這件事」，以及「下次接到電話時，萬一我不在，其他人也會知道該怎麼處理」等訊息。

事先講明責任歸屬後，很奇妙地，客人的怒氣就不會爆發了。

Point

神奇話術

「我是〇〇，有什麼意見，我願洗耳恭聽！」

17

約會撞期時，不得罪人也能順利更改時間

NG Word

「可不可以商量一下？」

對於職場工作者來說，約會撞期總是以意想不到的形式出現。而發生撞期主要有兩種狀況：

狀況一　有約在先，但突然有件更重要的事

・以前試圖取得合作的新客戶終於答應見面，而那天正好是預定與老主顧碰面的日子。

・另一半很早以前便期待共進晚餐的日子，可是突然有不能不出席的應酬。

狀況二　不小心重複安排約會

・記錯總公司的重要會議日期，剛好安排那天要出差。

・忘記把要前往客戶公司會商的約定寫在記事本上，而答應另一位客戶那天要去拜訪。

相信大家都有過一、兩次這樣的經驗，平常你都怎麼處理呢？

任何時候都要以「先訂好的約會為優先」當準則，這麼說固然沒錯。

可是老實說，在職場上工作，確實會遇到「先約好的事很重要，但後來插入的約會更重要」的場面。

這時很容易對先約好的一方說出不恰當的話，像是：

「可不可以商量一下？」

因為自己的緣故才要更改約定，所以對有約在先的對象應當是「懇求」，而不是「商量」。

這時應該直接提出：

「我有件事要誠懇地拜託您。」

「這話實在不好啟齒，我們這天的約會能不能改期？」

這是正面進攻法。用「商量」一詞把對方也拖下水，只是心中有愧的表現。

話雖如此，如果對方是會被正面進攻惹火的類型，也可以採取全面認錯的方式，裝作自己只是「一時糊塗」，提出：

「承蒙您寶貴的承諾，但由於我的笨拙，剛剛才確認那天已有約在先。雖然很不好意思，但我們能不能改約其他日子？」

告訴對方明明有約在先，自己卻不小心忘了，或是因為自身日程管理鬆散，以至於重複答應了約會，這樣的說法對方比較能夠接受，會認為「原來他已經先約了別人」。

不揭露另外有約的對象是誰

不論是正面進攻懇求對方，或裝作自己一時糊塗，最好都不要揭露另外有約的對象是誰。

曾有朋友找我「商量」，想將約會改期時，對方簡訊中有一句話寫道「因為千載難逢的機會降臨」，這句話讓我心裡五味雜陳。

有些人會老實地明說：

「我約到一個錯過這次，就再也見不到的人。」

這種說法也會讓人心想「那當然，我隨時都見得到嘛……」

作為懇求人的一方，會想強調那是多麼非比尋常的事，但實在沒有必要特地告訴對方。

應該告訴對方的，其實是新的日程計畫。

「如果可以的話，能不能告訴我，明天之後您方便的時間？如果是這天和這天，我就能立刻去拜訪您。」

可以的話，就把原本的約定提前，同時提示幾個日期供對方選擇。假如原本約八月五日，就加入八月三日或四日等的選項。

就算對方的時間不方便，應該也能感受到你設法安排，「試圖早一點見面」的誠意。

Point

神奇話術

「如果是這天和這天，我就能立刻去拜訪您。」

18

讓未晉級的屬下不氣餒，還能鼓起幹勁，繼續努力

NG Word

「我一直很肯定你……」

公司裡總會有獲得晉級和未獲晉級兩種員工，這也就表示，主管在評量上將他們分出優劣，而公司也同意主管的判斷。

在一般企業裡，到了三十歲以後，同輩的同事之間差距會漸漸變得明顯，全日空的綜合性職務也是如此。包括比同梯早獲得頭銜的人和沒有頭銜的人，以及有無被分派到核心部門等，連旁人也能顯著看出人事安排上的不同對待。

對於未晉級的一方來說，應該會想不通自己與晉級者有何差異，因此感到鬱鬱不樂。

我擔任過全日空客艙服務部主管，以及全日空LEARNING株式會社培訓事業部首席部員等職務，在中階主管時代，也曾為屬下的人事問題傷透腦筋。

作為給予評價的主管，要如何面對晉級和未晉級的屬下，應該對未晉級者說什麼話呢？

左思右想後，我最後得到一個答案，就是「**詢問對方的心情**」。我擔任空服員時，在與客人相處中學到的方法，這時也派上了用場。

當我接到內部指示時，就會先和獲得晉級的屬下談過，此時我觀察了大約一週，才找未晉級的屬下談話，並問他：

「關於這次的人事安排，你現在怎麼看？」

這時**務必遵守的原則是「一對一」，要製造自己與屬下兩人獨處的機會，再來詢問對方**。

絕對不能在有其他員工的樓層或走廊上，以站著聊天的方式提出這類問題。也許會有讀者覺得兩人獨處的場合太嚴肅了，但關於人事方面的話題，對雙方的信任關係有很大的影響。

為了避免誤解，製造一個能夠暢所欲言的環境很重要。

而這種時候，主管為了維護自己總會忍不住先說「這次很可惜」或「我一直很肯定你」之類的話，然後才切入主題。不過，這樣反而會有反效果。

因為就算顧及對方面子安慰幾句，也會立刻被識破。從屬下的立場看來，只會覺得「現在跟我說可惜也沒用」或「說是肯定我，但給其他同事更高評價的，不就是你嗎」。

談論「無法晉級的原因」，只會讓屬下感到洩氣

「關於這次的人事安排，你現在怎麼看？」不管屬下如何回答，首要是仔細聆聽，接納對方的感受。

假如屬下問到同事晉級的理由，就直接說明選擇對方的原因，比如：

「為了推動全球化，這次才會選擇曾在國外生活過的歸國子女。」

「基於想增加女性主管的人事需求才會選擇她。」

主管應當說明的，並不是眼前這位屬下無法晉級的理由，而是其他人被選中的原因。

試圖解釋「對方為什麼沒能晉級」，反而往往會讓屬下失去鬥志。主管不需要硬去說這種不中聽的話。

屬下只要弄清楚自己和對方差別在哪，心裡的芥蒂就會變小。

為什麼會這樣呢？

因為屬下最想問的，其實就是「為什麼是他、不是我？」

主管要回應這樣的期待，作為促使屬下轉換心情的契機。然後，為下一次的人事考核設定新目標，同時表示看好屬下的表現，交付新任務給他，再結束這一對一的對話。因此，主管可以這麼說：

「我個人也希望強力促成下一次的機會，把你的具體目標告訴我！」

「上星期接到的案子，我一直很想交給你去做。」

將屬下的目光從「未能晉級的打擊」轉向「有助晉級的目標」，就能提高屬下的工作動機。

Point

神奇話術

「我個人也希望強力促成下一次的機會，把你的具體目標告訴我！」

19

採用其中一方的意見時，如何不傷害到另一方？

NG Word

「你的缺點就是……」

我當主管時，一直覺得聽屬下陳述自己的意見是很愉快的事。聽到正確的意見，便衷心感到佩服；聽到意想不到的意見，則會驚訝於「竟然有這樣的想法！」或「居然來這招！」

此時，我都會想像屬下意見形成的背後原因，而能夠確認這些原因，我想正是當主管的妙趣所在。

假設屬下們針對某件事，彼此意見對立。為了繼續前進，主管必須做出決定，擇一採用。

這時需要照顧的，是意見未獲採用的屬下。他們一定感到非常失望，自尊心也會受傷。

因此，**主管首先應該對意見未獲採用的屬下，說明「採用另一方意見的理由」**，告訴他們被採用的提案好在哪裡，以及為什麼適合這次的計畫案等。

這麼做會促使意見未獲採用的屬下自問「獲採用的提案和自己的提案有何不

同？」並非愈想愈氣，而是開始思考。

接著，主管可以進一步說明「○○的切入點很有趣」或「○○的提案讓我深受感動」等。

主管可以向屬下傳達，自己對於被採用提案的優點有何感想。之後才說明，對方的提案未獲採用的理由，同時和屬下一起想辦法，把他的長處利用到其他計畫或工作上。

重點是不要評論他們的缺點，如「預想得太樂觀」或「真的有絞盡腦汁去想嗎」等批評，**硬逼著屬下改善**。

而是要發出這樣的訊息：你只是在意見上有所不足，我依然對你抱有期待；儘管這次不夠好，但我明白你的優點，在別處好好發揮吧！

對屬下來說，主管的支持就是最好的鼓勵。

「貼標籤」也能產生正面效果

主管要如何傳達對屬下的期待？關於這點，有個令我印象深刻的小故事。

高中時代，我們班上有個同學常常遲到，不知道是不是被他的毛病影響，班上愈來愈多人遲到。

連續遲到八天的他，有一天被班導師找去。原以為他要被痛罵一頓，沒想到老師卻拜託他：

「就由你帶頭吧，讓大家別再遲到了。你應該很清楚遲到者的心情吧。」

在那之後，他變得充滿幹勁，連周遭的人都大感意外，不僅不再遲到，還會幫忙出主意，預防班上同學遲到。

總而言之，並不是要叫人「改掉缺點」，而是鼓勵人帶頭改善：

「就因為你很清楚那缺點，相信你一定做得到！」

這種說話方式，無疑瞬間翻轉了人的缺點。

每一位屬下或後輩都有自己的個性，擅長的項目也不同。必須反過來利用對方的缺點，來為他「貼標籤」。

「〇〇＝某人」除了能強調一個人的長處，也可以凸顯其短處，使人覺醒、激勵人鼓起幹勁。

我們班導師讓遲到的常客，帶領全班削減遲到次數，採用的正是這種做法。

也可以用這種貼標籤的方式來交派工作，例如要擬定新企畫案就找Ａ、應付年長客人就找Ｂ等，久而久之，就能加速當事人的成長。

我自己被調派至專門接待ＶＩＰ貴賓的部門後，深得某位客人的喜愛，對方性格強烈、講話冗長，往往被敬而遠之。因為我被指派負責接待他，於是漸漸學會了靈活應付各種脾氣古怪的客人。

這麼一來，許多較難應付的狀況也會找我去處理，而且感覺自己在部門內的評價也愈來愈高。

「**所謂的領導者，就是『散播希望』的人。**」

這是十八世紀法國皇帝拿破崙一世留下的名言。拿破崙指出，作為組織的領導者，不可或缺的特質之一，就是在團隊內散播希望，也就是所謂的「動機」。

動機是肉眼看不見的心理變化，也是工作團隊要將能力發揮到極致，必不可少的要素。所以，當屬下感到挫敗，主管愈要做個散播希望的人。

Point

神奇話術

「就因為你很清楚那缺點，相信你一定做得到！」

20

不偏袒自己人，也能維護與其他部門對立的屬下

NG Word

「○○非常努力，所以請支持他。」

不論企業規模大小，部門間的對立屢見不鮮，例如銷售部門和生產部門彼此的對立等。

全日空過去也曾有一段時期，因為「空服員被特別對待」的印象，導致客艙服務部門和機場部門之間水火不容。

我當上主管後，發覺這樣的對立多半是因為「立場不同」，只要持續好好溝通，幾乎都能解決。

話雖如此，由於啟動跨部門的新服務等原因，使得屬下遭到其他部門的人指摘時，站在主管的立場，當然會想維護自己的屬下。

只不過一旦用錯方法，別說是保護屬下，連部門的評價都會因此下滑。

這時說話的重點在於，不要特別凸顯個人。

主管要先聯絡其他部門中，與自己同等地位的負責人，將其拉高為部與部、課與課的層級來討論。

而且不要一開口就說以下這些話，試圖維護自己的屬下：

「○○非常努力，所以請支持他。」

「你似乎駁回了○○的意見，有哪裡不妥嗎？」

而是要向另一部門的負責人表達：

「我聽了○○的意見，也認為這件事對兩個部門都有好處，便建議他去提案。不料卻接到回報，得知與貴部門的意見不合，所以希望能與您談一談。」

一旦強調個人，就會給人「只是為屬下感到不捨」的印象。如果形塑「你想要維護自己屬下」的第一印象，之後的交涉就會被理解為情感上的發言，因而讓對方覺得「你的心情我能體會，可是問題不在此」。

更何況是露骨地袒護屬下，說出「我部門的○○講話一定有他的道理」之類的話，很難不引發激烈衝突。

這時可以詢問對方：

「能不能告訴我，是哪個部分構成問題？這樣也有助於未來當作參考。」

必須強調自己是為了將來著想，並以「聽取其他部門的意見後，再重新思考修正案，對〇〇也是一次很好的成長機會，千萬拜託了」作結語。

把事情徹底導向是為了部門間有更良好的關係，以及為了將來與工作，才建立這樣的合作關係。

如此一來，便是彼此透過工作共同追求某個目標，讓談話變得具有建設性。

懲處個人並非最終目標

我擔任客艙服務部門的主管時，部門間很容易在客訴處理上產生對立。而且是乘客下飛機後，向地勤人員投訴機內發生的事。

接到投訴的機場部門都會向客艙服務部門報告，並向那班飛機的座艙長確認事實為何。

這類客訴案，大部分應該已在機內透過談話處理完畢，只是下機後乘客的怒火重新燃起。因此，首先要向機場部門的人表達感謝：

「謝謝您傾聽乘客的意見。」

然後繼續說：

「其實那位乘客在機上已充分陳述意見，也與負責的空服員談過，我們的認知是已經獲得他的諒解。不過似乎還有誤會，不好意思，能不能請您將那位乘客講述的內容，做成報告交給我們呢？」

採用這種說法，是為了**不以當下的談話，決定誰是誰非**。

我們的共同目標應該是「讓客人滿意」，所以誰犯了什麼錯，或者誰接到客訴都不重要。

為了實現我們所追求的服務品質，對照客訴內容，進一步檢討是否調整善後處理、預防再發生的措施，以這樣的態度面對客訴才是最重要的事。

Point

神奇話術

「能不能告訴我，是哪個部分構成問題？這樣也有助於未來當作參考。」

21

轉移焦點，激勵被評為劣等的屬下

NG Word

「大家都做到了，沒問題的！」

立志成為空服員的新進員工受完新訓後，要接受大約兩個月的專業訓練。這時進行的訓練項目之一是「保安訓練」。

在這項訓練中，要參與飛機的構造、與飛行相關的知識等航空講座，並學習日常保安業務、緊急狀況發生時的處置等，此外，還會進行緊急用氧氣瓶的使用方法、非日常機器實習等課程，訓練的最後一關則是「滑行與救生筏（艇）實習」。

滑行實習是體驗飛機緊急迫降時，利用緊急用救生滑梯逃生的方法。救生筏則是體驗逃難到海上等水面之後，轉乘救生艇逃生的方法。

新人一定要在每項實習中，皆獲得指導員核准通過，否則無法正式上第一線服務乘客。

我擔任教官時，某一年有位新人因為害怕，怎樣都不敢跳下救生滑梯。

的確，從飛機艙門到地面大約有三層樓高。對怕高的人來說，要從那裡滑下去，想必需要相當的決心。

當時她在一旁看著同期的菜鳥空服員一個接一個通過考驗，因而哭了出來。雖說如此，但在緊急時刻，空服員肩負迅速引導乘客前往安全場所的使命，絕對不能說「我好害怕」。

身為教官的我，總得設法讓她下定決心、通過考驗。我思考著要怎麼在背後推她一把，讓她鼓起勇氣。

「妳真的想要成為空服員嗎？是的話就滑下去！」

「不會滑行就當不了空服員！」

如果採用上述兩種說法，只會讓對方變得更加固執。

而拿她和旁人比較的說法，例如：

「大家都做到了，沒問題的！」

就會引起對方的自卑感，轉而開始責怪「無能的自己」。

結果，那天我沒能好好推她一把，只有她沒通過滑行測驗，並決定日後重新測驗，直接進入下一項訓練。

如何幫助屬下或後輩克服困難？

其間，我重新查看這位新人的檔案資料。得知她從小熱中劍道，大學也參加劍道社，於是在重新測驗之前，我試著問她：

「當對手朝頭部攻擊時，你不害怕嗎？」

「不怕。因為我有信心不會被打到。」

「那麼，只要回想起這種心情，是不是就能滑下去了呢？」

結果，當天什麼問題也沒發生，她就順利完成這項訓練，彷彿上次害怕的模樣是騙人的。不過在落地後，不知道是不是因為放下一顆心，她開始號啕大哭……。

不能讓對方聚焦在自己沒用、無法完成的這一面，而要使其回想過去成功的經驗，幫助對方找回自信。

當人們注意自己能幹和成功的一面，就會產生能量，克服眼前的困難。

對於受到指責、意志消沉的屬下或後輩，想讓對方恢復幹勁時，也可以使用這種方法。

太過露骨的讚美或指責，容易給人「勉強硬要鼓勵」的感覺，可能造成反效果，所以加句「我很猶豫要不要說」來當開場白，效果會相當不錯。例如：

「我很猶豫要不要說，你的優點是……」

「我很猶豫要不要說，部長好像也很讚賞你前些時候的企畫案。」

如此一來，應該就會讓對方留下「你很坦率地將心裡長期以來的感受說出來」的印象。

如果能讓對方覺得你並非一時的恭維，而是經過思考才決定告知，相信對方也會理解你的用心。

Point

神奇話術

「我很猶豫要不要說，你的優點是……」

後記

為了讓溫暖擴散開來而使用話語

因為某個機緣改變了全日空組織運作的常識之前，它一直是家「上意下達型」的公司。

僅就空服員之間的關係來說，那時座艙長的決定就是聖旨，其他組員根本不敢還嘴。

直到旅客服務部門的負責人，接納了機場一名工作人員的意見，尊重對方的立場，同時超越門戶之見團結一致，為贏得客人歡心而共同努力，才促使管理方式產生巨大改變。

那是全日空在教育訓練場合，經常提到的一則小故事——蒂沃利的氣球。

蒂沃利氣球的「蒂沃利」，指的是位在岡山縣倉敷市、於二〇〇八年關園的倉敷蒂沃利公園。

關園那年的年底，岡山機場一名機場部同仁，看到在手提行李檢查站前哭泣的小女孩，以及安慰她的母親和姊姊，因此主動上前關心。

一問之下，原來是手提行李檢查站的人員，要求小女孩將在蒂沃利公園買來的氣球洩氣。這是安全管理上的規定，實在無可奈何。

可是哭泣的小女孩——小學一年級的小步（化名），無論如何都想把蒂沃利氣球帶回家。

據說小步母女直到半年前都住在倉敷市，但因為父親病逝，便搬到母親的娘家九州。

這天母女三人回到久違的倉敷，與朋友一起去令人懷念的蒂沃利公園玩。蒂沃利氣球就是這趟旅程的紀念，也是她與父親的回憶。

得知緣由的機場部同仁雖然希望幫小步想辦法，但礙於安全管理，不得不遵守規定。

據說這位同事一直說著「非常抱歉」，和小步一起把氣球的氣洩掉，然後送她們上飛機。

當天晚上，機場部同仁在檢討會上提起這對母女。按理來說，這位同事只要表達「一起幫她把氣球洩氣的決定是對的吧」就可以結束發言。然而，這時她卻向旅客服務業務的負責人請教意見。

於是，作為主管的負責人問她：

「妳想怎麼做？」

結果她回答：

「我想將充滿氣的氣球送去給那位小女孩。」

「這樣啊。那該怎麼做才好呢？」負責人說。

之後便展開一連串跨越部門和職務藩籬的討論。

結果，日後機場部收到小步寄來的感謝信，那是封小學一年級生用平假名（日文的表音文字）寫成的信。

給機場的姊姊

耶誕節我去了倉敷的蒂沃利公園。

我是在倉敷出生的。

所以倉敷有我的朋友。

我和媽媽、姊姊、朋友、朋友的媽媽，一共六個人去蒂沃利公園。

那天很冷，還下了一點雪。

我那天過得很快樂，晚上，大家一起去坐摩天輪。
摩天輪好大、好高。
從摩天輪的窗戶看下去，彩燈好漂亮。
要回家時，我買了蒂沃利氣球。
第二天，差不多到了要回家的時間，我們就去機場。
要上飛機時，那裡的人跟我說：
「氣球不可以就這樣帶回去唷！」
聽說是因為氣壓的關係。
我難過得哭了。
媽媽也哭了。
為什麼要哭呢？
我爸爸七月中因為癌症上了天堂，蒂沃利公園有我和爸爸一起去玩的回憶。

所以要把蒂沃利氣球放氣，我和媽媽都很傷心。

但還是放了氣之後，才把氣球帶回來。

過年時，機場的姊姊寄來蒂沃利氣球。

氣球一從箱子裡跑出來就直直往上飄。

我好高興。

箱子裡還有一封信。信裡寫著：

「把氣球放了氣，真對不起。一定要再來岡山的蒂沃利公園玩喔！」

我寫了一封信要給機場的姊姊。

還有要謝謝她的禮物也一起放在裡面。

那顆蒂沃利氣球，現在還在我家飄著。

所以，我和最愛的爸爸的回憶沒有被毀掉，太好了。

爸爸說不定也在天堂上說：

「小步，太好了！姊姊真是位心地善良又溫柔的人呢。」

遇到姊姊，讓我有了一趟愉快的旅行。

事實上，小步母女搭乘的不是全日空的班機。不過在地方機場，不管是哪家航空公司的乘客，機場部同仁遇到狀況都會去處理。

既然已經主動關心，就希望好好地貼近對方的感受，抱持這種想法的工作人員，在獲得主管同意後，趁工作空檔打了電話給宅配業者，確認充滿氣的氣球能否直接裝箱運送。

得到「沒問題」的回覆後，工作人員便先去蒂沃利公園買氣球，隔天在部門同事的協助下，將氣球裝進箱子裡，然後送去小步的家。

事後這則小故事經由客服部之手整理成報告，而全日空所有員工都能看到這份報告，因此引發我們深入思索許多事。

如果我是那位機場部同仁，會去探究小女孩哭泣的背後原因嗎？會因為知道她為什麼哭，就試圖影響主管和其他部門嗎？再者，作為一個曾總管第一線的負責人，我能理解屬下的感受，採用屬下的想法嗎？

假如在檢討會上主管表示「我能體會妳想送氣球給小女孩的心情，可是買氣球的錢、運費等，這些預算該怎麼辦？」也許氣球就不會送到小步手中。

然而，這位主管卻回應：

「（為了客人）妳想怎麼做？」

透過蒂沃利氣球的故事，許多員工，包括我在內，都開始重新思索「真正地貼近客人，到底是怎麼一回事」。

這位主管的問話，促使溫柔的漣漪擴散開來。

話語的力量很偉大。

它可能引發善或惡，端看您如何使用。

我要為了善而使用話語。
我要為了讓世間更溫暖而使用話語。
我要為了使人開心而使用話語。
但願本書能帶給您啟發，散播您溫暖的心。

加藤茜

附錄

馬上就能用！神奇話術辭典

1

面對持反對意見的人，不必勸說對方，就能貫徹主張

「有什麼需要幫忙的嗎？」

2

不必說出意見，就將會議導向自己希望的結論

「剛才〇〇說的是這個意思，對吧？」

3

不必說服，就讓不想負責的主管擔起責任

「客人也會很高興。」

「可以重新考慮〇〇……」

4

不必指責，就讓說一套做一套的主管自我反省

「承蒙您的好意……」

「是我誤解了您的意思。」

5

讓冗長談話提早結束，又不會令人感到不悅

「終於○○了嗎？」

6

一句話就讓聊得沒勁的人，愉快地打開話匣子

開啟談話的一句開場白：

「天氣・嗜好・新聞・土地・熟人・家人・健康」

7

面對正在氣頭上的人，不講大道理而是安撫對方

「讓您感到不愉快，非常抱歉。」

「今後我們會盡全力改善。」

8

不必提醒，就能使吵鬧的人安靜下來

「漸漸大聲起來了……」

9

兼顧投訴者與被投訴者，讓雙方圓滿收場

「我去確認有沒有我們能做的事。」

10

不批評任何一方，而能安慰關係惡化的兩個人

「您的狀況還好嗎？」

11

讓意見相左的屬下，幹勁不減地投入工作

「進一步……」

「越發……」

「更加……」

12

避免兩邊組員失和，化解職場緊繃的氣氛

「如果有什麼不明白的地方，就和我說一聲。」

13

避免被夾在兩位主管之間，還能如你所願地行動

「我想轉告客人，讓他們有個頭緒。」

14

讓判斷準確和錯誤的主管都有面子，同時工作又能有進展

「這次是我能力不足，您的建言十分寶貴。」

「多虧您幫忙出主意！」

15

不輕易附和，同時收服多數派和少數派的心

「您覺得〇〇嗎？我馬上就去確認。」

16

讓兩位顧客都有面子，圓滿解決順序問題

「我是〇〇，有什麼意見，我願洗耳恭聽！」

17

約會撞期時，不得罪人也能順利更改時間

「如果是這天和這天，我就能立刻去拜訪您。」

18

讓未晉級的屬下不氣餒，還能鼓起幹勁，繼續努力

「我個人也希望強力促成下一次的機會，把你的具體目標告訴我！」

19

採用其中一方的意見時，如何不傷害到另一方？

「就因為你很清楚那缺點，相信你一定做得到！」

20

不偏袒自己人，也能維護與其他部門對立的屬下

「能不能告訴我，是哪個部分構成問題？這樣也有助於未來當作參考。」

21

轉移焦點，激勵被評為劣等的屬下

「我很猶豫要不要說，你的優點是……」

職場通 職場通系列036

用「空服員說話法」輕鬆搞定各種人

如何把「不中聽」的話也說得動聽？讓客戶稱讚、主管認同、同事主動配合你

ANAのVIP担当者に代々伝わる 言いにくいことを言わずに相手を動かす魔法の伝え方

作　　者　加藤茜
譯　　者　鍾嘉惠
總 編 輯　何玉美
責任編輯　曾曉玲
封面設計　萬勝安
內文排版　菩薩蠻數位股份有限公司

出版發行　采實出版集團
行銷企劃　黃文慧・陳詩婷・陳苑如
業務發行　林詩富・張世明・何學文・吳淑華・林坤蓉
會計行政　王雅蕙・李韶婉
法律顧問　第一國際法律事務所　余淑杏律師
電子信箱　acme@acmebook.com.tw
采實粉絲團　http://www.facebook.com/acmebook

ＩＳＢＮ　978-986-94767-2-0
定　　價　280元
初版一刷　2017年07月
劃撥帳號　50148859
劃撥戶名　采實文化事業有限公司
104台北市中山區建國北路二段92號9樓
電話：02-2518-5198
傳真：02-2518-2098

國家圖書館出版品預行編目(CIP)資料

用「空服員說話法」輕鬆搞定各種人 / 加藤茜作；鍾嘉惠譯. -- 初版. -- 臺北市：核果文化, 2017.07
面；　公分
譯自：ANAのVIP担当者に代々伝わる 言いにくいことを言わずに相手を動かす魔法の伝え方
ISBN　978-986-94767-2-0（平裝）

1.商務傳播 2.溝通技巧

494.2　　106007133

ANA NO VIP-TANTOSHA NI DAIDAI TSUTAWARU IINIKUI KOTO WO IWAZU NI AITE WO UGOKASU MAHO NO TSUTAEKATA by Akane Kato

Original Japanese edition published by Sunmark Publishing, Inc., Tokyo
This Traditional Chinese language edition published by arrangement with Sunmark Publishing, Inc., Tokyo in care of Tuttle-Mori Agency, Inc., Tokyo through Keio Cultural Enterprise Co., Ltd., New Taipei City, Taiwan.

采實出版集團
ACME PUBLISHING GROUP

廣告回信
台北郵局登記證
台北廣字第03720號
免貼郵票

采實文化 ACME PUBLISHING 采實文化事業股份有限公司

10479台北市中山區建國北路二段92號9樓

采實文化讀者服務部　收

讀者服務專線：(02) 2518-5198

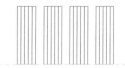

用

空服員說話法

輕鬆搞定各種人

職場通 職場通系列專用回函

系列：職場通系列036
書名：用「空服員說話法」輕鬆搞定各種人

讀者資料（本資料只供出版社內部建檔及寄送必要書訊使用）：

1. 姓名：
2. 性別：□男 □女
3. 出生年月日：民國 年 月 日（年齡： 歲）
4. 教育程度：□大學以上 □大學 □專科 □高中（職） □國中 □國小以下（含國小）
5. 聯絡地址：
6. 聯絡電話：
7. 電子郵件信箱：
8. 是否願意收到出版物相關資料：□願意 □不願意

購書資訊：

1. 您在哪裡購買本書？□金石堂（含金石堂網路書店） □誠品 □何嘉仁 □博客來 □墊腳石 □其他：____________________（請寫書店名稱）
2. 購買本書的日期是？______年______月______日
3. 您從哪裡得到這本書的相關訊息？□報紙廣告 □雜誌 □電視 □廣播 □親朋好友告知 □逛書店看到 □別人送的 □網路上看到
4. 什麼原因讓你購買本書？□對主題感興趣 □被書名吸引才買的 □封面吸引人 □內容好，想買回去試看看 □其他：____________________________________（請寫原因）
5. 看過書以後，您覺得本書的內容：□很好 □普通 □差強人意 □應再加強 □不夠充實
6. 對這本書的整體包裝設計，您覺得：□都很好 □封面吸引人，但內頁編排有待加強 □封面不夠吸引人，內頁編排很棒 □封面和內頁編排都有待加強 □封面和內頁編排都很差

寫下您對本書及出版社的建議：

1. 您最喜歡本書的哪一個特點？□實用簡單 □包裝設計 □內容充實
2. 您最喜歡本書中的哪一個章節？原因是？

____

____

3. 您最想知道哪些關於健康、生活方面的資訊？

____

____

4. 未來您希望我們出版哪一類型的書籍？

____

____